アット・ザ・ベンチ
バイオ実験室の統計学
エクセルで学ぶ生物統計の基本

M. Bremer
Department of Mathematics
San Jose State University

R.W. Doerge
Department of Statistics
Department of Agronomy
Purdue University

Statistics at the Bench
A Step-by-Step Handbook for Biologists

訳
打波 守
明治薬科大学数理科学研究室教授

野地澄晴
徳島大学大学院ソシオテクノサイエンス研究部
ライフシステム部門教授

メディカル・サイエンス・インターナショナル

■ 装丁デザイン／株式会社デザインコンビビア
■ 表紙イラスト／Jim Duffy

Originally published in English as *Statistics at the Bench: A Step-by-Step Handbook for Biologists* by M. Bremer and R.W. Doerge
© 2010 by Cold Spring Harbor Laboratory Press, Cold Spring Harbor, New York, USA
All rights reserved

Published in Japan by arrangement with the permission of
Cold Spring Harbor Laboratory Press
© First Japanese Edition 2011 by Medical Sciences International Ltd., Tokyo

Printed and Bound in Japan

訳者序文

　生物学，医学，歯学，薬学，農学など生命科学系の学問は，近年飛躍的に進歩し，さらに指数関数的に発展することが予想されている．学問が発展するにつれて，物理学や化学のように現象を定量的に扱うことが可能となり，精密な学問として展開されるようになってきている．もちろん，まだ定性的な現象論が多いのも事実であるが，ゲノム，トランスクリプトーム，プロテオームなどが進展し，やがてあらゆる生命現象を定量的に語る時代がくるであろう．

　その場合に，必ず問題になることは，生物の多様性をどのように扱うか？である．

　物理学の場合，例えば電子は，どこの国でも同じ電子を研究対象として扱うことになるが，生物では，まったく同じ生物個体を扱うことができるのは稀である．生物は，進化の過程で積極的に多様になるように淘汰されてきているため，同じ親からでも異なる遺伝子の組み合わせを持った子供が誕生する．

　この多様性が，生物の進化を可能にし，現在の人類が存在するのであるが，科学的に生物学を研究しようとする場合は，それが問題となる．また，生物は祖先の生物の遺伝子を改変しながら進化してきたため，多くの類似なタンパク質が存在し，それが体内の位置や成長の時間に応じて，多様な機能を担うようになっている．このような多様性のある生物学の問題を定量的に取り扱うためには，数理科学的なアプローチの一つとして，統計科学に基づいたアプローチが必須となる．

　生物学に関する学術雑誌においては，データをどのように統計処理したかを必ず記載しなければならない．しかし，多くの生物に関係する研究者あるいは研究者をめざしている学生は，もう一つ生物統計学が理解できない，理解しづらいと感じているだろう．または，理解するための良い本がないと思っているであろう．

　そうした読者のために，この本は執筆され，コンパクトに統計学の生物学への応用を解説している．著者は，この本は実験台あるいは実験室に置いておく本であって，教科書用に執筆したのではないと書いているが，生物統計学の講義，あるいは生物統計学を教えなければならない科目の中で，この本は教科書としても使用できるであろう．とくに，例題をエクセルで解けるようにしてあることにより，多くの読者は自分のパソコンで統計解析が可能となる．もちろん，複雑な統計解析を行う場合，エクセルでは限界があり，より専門的な統計解析ソフトが必要であろうが，ほとんどの統計解析はエクセルでこなせるであろう．

最後になったが，本書の企画，および翻訳において非常にお世話になった，メディカル・サイエンス・インターナショナルの藤川良子，伊藤武芳両氏に感謝の意を表したい。

2011年3月　野地澄晴，打波　守

謝辞

私たちが一緒に作業できるという偶然にして幸運な環境を用意してくれた，Purdue大学とADGの統計学科に感謝します。また，この本を執筆している間私たちを支えてくれた，家族や友人たちに感謝を捧げます。そして，このマニュアルをより良いものにするために，洞察にあふれた意見や提案をしてくれたAndrea Rau，Ben Hechtに感謝します。

Martina Bremer
Rebecca W. Doerge

目　次

訳者序文　　iii

1　はじめに　　1

2　統計学を正しく使用しよう──よくある落とし穴　　3

　2.1　間違った使用の例　　3

　2.2　問題を明確にせよ　　4

　2.3　統計学者との相談や作業について　　4

　2.4　探索的統計学と推計統計学　　5

　2.5　種々の変動の原因　　6

　2.6　仮定条件をチェックすることの重要性，そして明白なことを無視することからの副次的な影響　　7

　2.7　統計ソフトウェア・パッケージ　　8

3　記述統計　　11

　3.1　定義　　11

　3.2　データを記述する数値手段　　13

　　3.2.1　カテゴリーデータ　　13

　　3.2.2　量的データ　　14

　　3.2.3　外れ値の決定　　16

　　3.2.4　記述統計測度の選び方　　18

　3.3　データを図示する手段　　18

　　3.3.1　データに対する適切なグラフ表示の選び方　　23

　3.4　確率分布　　24

　　3.4.1　二項分布　　24

　　3.4.2　正規分布　　26

　　3.4.3　あなたのデータの正規性を評価しよう　　29

目　次

    3.4.4　データ変換　　31
- 3.5　中心極限定理　　32
  - 3.5.1　標本比率に対する中心極限定理　　33
  - 3.5.2　標本平均に対する中心極限定理　　34
- 3.6　標準偏差と標準誤差の違い　　36
- 3.7　誤差バー　　36
- 3.8　相関　　38
  - 3.8.1　相関と因果関係　　39

4　実験計画　43
- 4.1　数理モデルと統計モデル　　43
  - 4.1.1　生物学モデル　　44
- 4.2　変数間の関係の表し方　　45
- 4.3　標本の選び方　　47
  - 4.3.1　サンプリングにおける問題：偏り　　48
  - 4.3.2　サンプリングにおける問題：正確度と精度　　49
- 4.4　モデルの選び方　　50
- 4.5　標本サイズ　　51
- 4.6　リサンプリングと反復　　53

5　信頼区間　55
- 5.1　信頼区間の解釈　　57
  - 5.1.1　信頼水準　　59
  - 5.1.2　精度　　60
- 5.2　信頼区間の計算　　61
  - 5.2.1　大標本の標本平均に対する信頼区間　　61
  - 5.2.2　小標本の標本平均に対する信頼区間　　62
  - 5.2.3　母集団比率に対する信頼区間　　64
- 5.3　標本サイズの計算　　65

6　仮説検定　67
- 6.1　基本的な原理　　67

- 6.1.1 p 値　69
- 6.1.2 仮説検定のよくある誤り　70
- 6.1.3 仮説検定の検出力　71
- 6.1.4 統計的な有意性の解釈　71

6.2 よく使われる仮説検定　72
- 6.2.1 t 検定　73
- 6.2.2 z 検定　77
- 6.2.3 F 検定　81
- 6.2.4 テューキー（Tukey）検定とシェフェ（Scheffé）検定　83
- 6.2.5 χ^2 検定：適合度，または独立性の検定　83
- 6.2.6 尤度比検定（Likelihood Ratio Test）　87

6.3 ノンパラメトリック検定　89
- 6.3.1 ウィルコクソン－マン－ホイットニー（Wilcoxon–Mann–Whitney）順位和検定　90
- 6.3.2 フィッシャー（Fisher）の正確計算検定　92
- 6.3.3 並べ替え検定　95

6.4 E 値　97

7 回帰と分散分析（ANOVA）　99

7.1 回帰　100
- 7.1.1 パラメータ推定　102
- 7.1.2 仮説検定　103
- 7.1.3 ロジスティック回帰　105
- 7.1.4 線形重回帰　106
- 7.1.5 回帰でのモデル構築──どの変数を使うべきか？　108
- 7.1.6 仮定条件の検証　109
- 7.1.7 回帰における外れ値　109
- 7.1.8 事例研究　111

7.2 分散分析（ANOVA）　114
- 7.2.1 一元配置分散分析モデル　114
- 7.2.2 二元配置分散分析モデル　117
- 7.2.3 分散分析の仮定条件　120

7.2.4 マイクロアレイデータに対する分散分析モデル　121

7.3 分散分析モデルと回帰モデルが共通に持つ事項　122

8 そのほかのテーマ　125

8.1 類別法　125

8.2 クラスター法　127

8.2.1 階層クラスター法　130

8.2.2 分割クラスター法　132

8.3 主成分分析　134

8.4 マイクロアレイデータの分析　135

8.4.1 データ　135

8.4.2 正規化　137

8.4.3 統計分析　139

8.4.4 分散分析（ANOVA）モデル　141

8.4.5 分散仮定　143

8.4.6 多重検定法の論点　143

8.5 最大尤度　144

8.6 頻度確率派とベイズ確率派の統計学について　146

参考文献　149

索引　150

「エクセルを使うと」索引　153

1 はじめに

　生物学においても，コンピュータなしには研究できないテーマが増加している。とくに分子生物学においては，新しい技術が莫大な量のデータを生み出しており，まったく新しい研究分野が開拓されている。そればかりか，こうした新しい技術により，新たな課題や，新たなニーズが生じている。莫大な量の情報は整理され，表示され，理解される必要がある。データ収集に直接関与していない生物学者や学生でさえ，実験研究および文献調査において定量的に考え，定量的に結果を解釈することが，科学的な訓練や仕事をする上で日常的に重要になってきている。

　大規模な塩基配列決定プロジェクトが良い例で，新しい技術により可能となった研究により，大量のデータ（たとえば，ゲノムやタンパク質の配列）が蓄積されてきており，それを収集し，解析し，定量的に組み立てることが必要になってきている。典型的な例が，DNAの塩基配列データを解析するのに使用されている最も単純なソフトプログラムである類似配列検索ツールBLAST（Basic Local Alignment Search Tool）である。このプログラムで検索を実行すれば，解析したいDNA塩基配列（query）がどのように一致したかを表す統計的な要約が返ってくる。このような結果が実際に私たちに何を語ってくれるのかを理解することは，情報に基づいた科学的選択をするために必須である。

　コンピュータソフトの使用により得られた結果を，あるいは文献から得られた定量的な結果を評価するためには，統計的な考えや手法の基礎を理解しておくことが要求される。同様に，研究のデザインやデータの評価について定量的な根拠を持つことは，複雑で挑戦的な実験に基づいて生物学的な問題を定式化したり，解明したりすることと同じくらい重要である。これらのことを前提に，この本は，生物学的データを統計学的に解析したり，定量的に考えたりする上で，頻繁に出てくる専門用語や概念についての概観を理解してもらうことを意図して作成されている。また，本書では，できるだけ単純な言葉を用いて，複雑な解析（たとえば，マイクロアレイ実験）における基礎的な概念についても説明している。

　もしあなたが，統計学的手法についての1学期または2学期分の教科書を探しているのであれば，この本は適当ではない。本書は教科書として執筆されたものではない。この本は実験台の傍（ベンチ・サイド）に置いておくマニュアルであり，統計学的知識を急いで見直したい人

1 はじめに

や，統計学的手法の全体像を知りたい人のために書かれたものである。たとえば，数学や統計学の講義を受けてから（もし受けていたとしたらだが）長い年月がたってしまった人や，データを定量的に考える必要性を感じつつ月日を重ねてしまった人が，読者のなかにはいることだろう。あるいは，これまでに定量的な扱いの訓練を受けた経験が"ない"に等しいか，少なくとも必要な訓練量よりはずっと少ないという人がいるだろう。この本は，そんな読者のためにある！　データについて考えたり，得られた結果を解釈したりするのに必要な情報にアクセスするのが便利なように，巻末には包括的な索引を用意した。

　この本を見たり，読んだりすれば分かっていただけるが，さまざまな生物学的な応用例の中からわかりやすい例を厳選し，新しいとらえ方を紹介した。使用した多くの例には，詳細なエクセルのコマンドを付している。私たちがエクセルを選択したのは，それがもっとも一般的に入手可能なコンピュータソフトのアプリケーションで，生物学分野でも広く利用されているからである。とはいえ，私たちはエクセルの限界も認識しており，高度な統計学ソフトではないことは分かっている。この本の（そしてエクセルの）内容を超える応用については，適当な他の統計学のソフトウェア・パッケージを紹介している（入手可能なソフトウェア・パッケージについての議論は，2.7節を読んでいただきたい）。

> **エクセルを使うと**
>
> エクセルの使用例は，本書を通じてこのようなコラムの中に入れてある。そのうちのいくつかは，"アドイン"パッケージの使用が要求される。パッケージにアクセスするためには，エクセルを開き，"Microsoft Officeボタン"をクリック→"Excelのオプション"をクリック→"アドイン"をクリック，さらに「分析ツール」と「分析ツール－VBA」をチェックマークする（編集部注：本書を通じてエクセルの使用例はWindows版Microsoft Office Excel 2007を基準に表記しています。バージョンやOSによってコマンドの使用法に違いがあることをご了承ください）。

　今日，"計算のできる生物学者"は，科学界における競争で優位に立つことができる。文献が"読める"だけでなく，それについて批判的に考えることができ，さらに定量的な根拠をもって科学的に意義のある重要な会話に参加できるようにもなる。私たちがこの本を出版する目的は，生物学と定量的科学との間で，情報交換が可能な，開かれた関係の構築を促進しようとするものである。そして，定量的な根拠を語るために必要な言葉を，生物学者が流暢に気持ちよく話せるように，支援するためのものである。

2 統計学を正しく使用しよう ——よくある落とし穴

2•1

間違った使用の例

　学問として統計学を学ぶとおもしろいことに，誰もがデータを整理し，解析することができるようになる．お気に入りの（あるいは少なくとも利用可能な1つの）統計ソフトウェア・パッケージにデータをロードすれば，十中八九，どんな人でもある種の数値や結果を得ることができるので，その意味では誰でもデータを"統計解析"することができる．しかし，もしそれが正しく実行されていない場合，それは"あぶない"統計解析になってしまう．"あぶない"解析をしてしまう可能性として，実験を計画するときや，得られたデータを解析するときなどに，ついおかしてしまいがちないくつかの失敗を列挙してみよう．

- 科学的な問いかけを明確に定義していない．
- 間違ったデータを収集している．
- ランダム化が欠けている．
- 生物学における反復実験の重要性を無視している．
- 必要以上に複雑なことにしてしまう．
- 実験の明らかな構成要素を無視している．
- 間違った統計解析法を使用する．
- モデルに必要な仮定条件を無視する．
- 実験結果に適合するよう，事後に，その実験により解決したい問題を変更する．
- 統計解析から得られた結果を考察するときに，実験の全体像を見失う．

　統計学的に適正な実験計画を立てて解析を行うことの重要性を認識するだけで，これらの多くの失敗は回避することができ，統計学に失望することもなくなる．

2・2
問題を明確にせよ

"正しい問題を見つけなければ，正しい答えを見出しても意味がない"（Tukey 1980）。この一文は当たり前と思われるかもしれないが，まずは何を問題にしたいのかを明確にし，それからその問題に答えるのに必要なデータを収集するための計画，あるいはサンプリングの方法を工夫することが重要である。よくある失敗の1つは，的を射た問題を扱っているのに，間違ったデータを収集してしまうことだ。研究を実行に移す前に，自分の問題についてよく考え，それに対する答えを得るためにはどんなデータを収集する必要があるのかを知ることにより，時間と費用を節約でき，統計学に失望しなくてもすむことになる。「実験を計画する前に，統計学者に相談せよ」といわれているが，それは真実である！

自問自答すべき問題を下に示そう。

- 問題は何か？
- どんなデータを収集する必要があるか？　どんなデータが収集可能か？
- どのようにして精度の高いデータを測定するか？
- 着目する生物システムにどんな外的な影響力が作用しているか？　それらの影響力を測定できるか？
- データの変動が，データおよびその統計解析結果にどのような影響を及ぼすか？
- 統計解析結果を理解されやすい方法でどのように報告すべきか？

2・3
統計学者との相談や作業について

生物科学と数理科学との間にある最大の壁は，語彙の違いである。その次が，コミュニケーションの問題である。統計学者と生物学者は基本的に全く異なったコミュニケーションをしている。この語彙とコミュニケーションの問題を解決せずに人間関係を築こうとすると，結局はお互いに失望することになるのが常である。

生物学者が聞きたくない統計学者のことば

生物学者が欲求不満になる統計学者の"ことば"はいくつもあり，正直なところ，生物学者はそれらの"ことば"を聞き飽きている。そのいくつかの例を次に挙げる。

- 実験をデザインする前に，統計学者に相談せよ。

- 帰無仮説は何か？
- 標本サイズが小さ過ぎる。
- 実験を反復しなかった。
- ランダム化しなかった。
- 間違ったデータを収集した。

少なくとも統計学者の観点からすると，同じような基本的な大問題がほかにもたくさんあるのだが，生物学者は概してそれらを重要でなく，数学的に高度過ぎる問題で，ちんぷんかんぷんだとして臭いものに蓋をする傾向がある。

統計学者がうんざりする生物学者のことば

- 統計解析によりやっと得られるような結果は，事実ではない。
- 実験結果が変わってしまう可能性があるので（あるいは，十分な研究費がないので），反復実験をしなかった。
- 技術的な反復と生物学的な反復との間に違いがあるのか？
- 自分のお気に入りの統計ソフトウェア・パッケージからその答えを得たが，それ以上のことは何も分からない。
- 小さなp値を得たいだけだ。

大多数の生物学者は自分自身で実験を計画しようと試み，その実験データを自分自身で解析しようと試みる。そして，問題が起こったときにだけ統計学者に相談にいく。つまり，データが収集された後の，結果に失望したり，データに対する不安が高まったりしているときに相談にいくわけである。このようなことに陥らないように，事前に，準備段階から統計学者に相談しておくことが望ましい。もしデータがすでに手元にあるならば，統計学者に会う前に，あなたが扱っている問題についての手短な説明を統計学者に送っておくとよい。また，収集されたデータの（図を含んだ）説明や，そのデータが収集された条件などを知らせておくとよい。実際に実験を行う前に統計学者に相談ができるならば，実験計画とそのデザインの作成に統計学者が手を貸してくれるだろう。

2・4 探索的統計学と推計統計学

生物学のほとんどは，観測が基本となるだろう。データを収集し，要約統計量を計算し，そして図を描くことになる。この探索的（exploratory）な情報から，あるパターンがしばしば観察されるので，実験の条件および変動の原因を確認しなくても，容易に結論を引き出し始めることができる。

2　統計学を正しく使用しよう──よくある落とし穴

- よくある失敗として，実験のデザインをしっかり考慮せずにデータを解析（探索）することにより，外的な原因によるパターンを観測してしまうことがある（たとえば，マイクロアレイ実験において，遺伝子の発現量の差異を示す蛍光強度の偏りが，蛍光色素自身が原因となって生じてしまうような）。このような実験から引き出される結論は，外的な変動原因がその結果に有意な効果をもたらしているならば，誤っている可能性が高い。

推計統計学は，統計理論に基づいており，一見複雑なように見えるが，そのようなことはなく，むしろ単純である。数学的なモデルを用いて，その実験で興味のある変数（すなわち，従属変数）とその他の変数（すなわち，独立変数）との関係を記述する。この関係を使えば，あなたが扱っている問題についてデータが答えを出してくれる。最も簡単なモデルは線形な関係であり，直線を表す等式（$y=mx+b$）により，最も基本的なモデルを記述することができる。答えは，実験データから計算される量すなわち検定統計量を，興味ある変数と独立変数との間に関係がない（すなわち，ランダムな関係の）場合と比較することによって得られる。実験データから計算された量が，ランダムな場合と比べて確率的により有りそうなときには，従属変数と独立変数との間には有意な関係が存在していることになる。

- 推計統計学に関してよくある落とし穴は，従属変数と独立変数との間の関係を最初にあまりにも複雑にし過ぎたり，不適当な問いかけを立てたり（すなわち，誤った量を使って検定すること），統計解析の前提としてデータに要請されている仮定条件を無視したりすることである。

2・5

種々の変動の原因

変動は，それがきちんと理解されて適切に処理されるならば，必ずしも悪いものではない。ある実験において定量的に測定されるすべての変数は，変動性を持つだろう。それは，どんな測定装置も完全ではないのと同時に，研究している実験系に多くの外的な影響力が作用している可能性があるからである。

- 生物学者がよく持つ誤った考えは，変動とは悪いものであるという考え方である。そして，実験を繰り返したり，再度測定したりした場合にも，測定量は正確に同じ値をとるべきという考え方である。
  ——たとえば，病気への耐性に定量的なスコアをつける2人の専門技術者が，2つの異なる測定値を出す確率は高いだろう。実験装置一式は変わらなくても，専門技術者によって引き起こされる変動が，異なった測定値をもたらす可能性があ

る。幸いなことに、この変動の原因（すなわち、専門技術者による変動）は、統計モデルとその解析により処理できる。
- もう1つのよくある過ちは、単に生物学的な変動にだけ注意を向け、技術的な変動原因を無視したりすることである。そうすると、技術的な変動が、生物学的に観察される変動と混同され、その中に含められてしまう。その結果、生物学的な変動について正確な評価をすることが不可能になる。

しばしば、生物学的な変動は重要でないと考えられ、実験データを一度だけ測定すればよいと思われていることがある。とくに生物学においては、実験データごとに、技術、環境、その他の影響などが相互に作用する。したがって重要なことは、生物学的な変動がどれくらいあって、それが技術的な変動とどのように違うかを十分に理解することである。統計学の役割が、変動を特定の成分に分割することだということを覚えておくとよい。その分割により、興味ある（従属）変数と、変動の原因との間の関係が明確になる。

- 重要な変数がモデルおよび統計解析の両方から省かれていると、残存している変動［すなわち、残差（residuals）］の中にあるランダムでない規則性が、結果に影響を及ぼすおそれがある。

2・6
仮定条件をチェックすることの重要性，そして明白なことを無視することからの副次的な影響

　統計解析を実行したことがある人ならだれでも、解析を実行する前提として、データについて満たされるべき仮定条件が存在することに気づいただろう。データに関して最も頻繁に要求される仮定条件は、データが正規分布しているという仮定条件である。実際、多くの統計解析法が、データが正規分布しているとの仮定条件に基づいている。正規性の仮定条件を無視することは、普通、誤った結論を導くことになる。データが正規分布していることが要求される統計解析を行うときによくある過ちは、解析をそのまま続行し、データの有する非正規性を無視してしまうことである。
　この世の多くの問題と同様に、そうした問題（すなわち、仮定条件に対する違反）を無視すれば、それはただ単に、問題をさらに大きくするだけである。データや残差がどのように振舞うか、すなわち、それらがどのように分布するかについての基本的な仮定条件を無視することによる副次的影響は、誤解を招く、間違った結果と結論を導く可能性が高い。ここで、無視されがちな仮定条件をいくつか挙げておこう。

- データが正規分布している。

- 母集団のすべての要素が同じ分散を持つ（すなわち，等分散の仮定条件）。
- いったんデータが何らかのモデルに適合すれば，残差は正規分布している。
- 残差はランダムで，規則性を持たない。

残念ながら，ポイント・アンド・クリックで扱える統計解析ソフトウェアの流行は，ただ単に，仮定条件の無視という問題を倍加させてきただけであった。というのは，データに関する仮定条件や，実験の全体的な前後関係や，あるいはその研究がどのような基本的な問いかけに基づいて考案されたのかなどを考えなくても，誰もが統計解析の真ん中に飛び込めるようになったからである。

2・7 統計ソフトウェア・パッケージ

パソコンは確かに我々の生活を効率的にしてきたし，我々の仕事活動をより情報に基づいたものにしてきた。統計学は多くの学問分野と同様，複雑そうなたくさんの解析の手段を簡単なポイント・アンド・クリックで扱えるソフトウェア・パッケージに納めたことにより，大いに恩恵を受けてきた。これらのソフトウェア・パッケージは，要約統計，統計解析，そしてグラフ描写などのオプションでいっぱいの，扱いやすいプルダウン・メニューを備えている。人気のある統計ソフトウェアには次のようなものがある。

- SAS
- R
- JMP
- Minitab
- SPSS
- Mathematica

これらのソフトウェアは統計学者にとっては有用であるが，生物学者にとってそのほとんどはフラストレーションの種となるものである。その理由は，データをプログラムにロードすることが難しく（すべてのパッケージがプルダウン・メニューを持つわけではない），要求されるコマンドは理解しにくく，そして研究している問題と関連づけて出力結果を解釈するのが思い通りにいかないからである。あまり慣れていない統計ソフトウェアを使用するときによくある落とし穴として，次のようなことがある。

- データのフォーマットがソフトウェア・パッケージの要求に合わない。
- 欠損したデータへの対処法が分からず，すなわちそれらをどうコード化すればよいのかが分からない。

- 探索的調査，グラフィックス，統計解析が行われるべき順番が明白でない。
- 統計解析の出力が意味をなさない。
- グラフィックスの使用が難しい。

　これらのフラストレーションを考慮しつつ，実験室での生物学者たちの研究を最大限手助けしたいという願いのもとに，基本的に本書の中の例はマイクロソフト・エクセル（Microsoft Excel）を使って提示することにしよう。エクセルは統計ソフトウェア・パッケージではないが，データについてユーザーが合理的な問いかけを探求し，発することを可能にする性能を備えており，しかもそうしたことすべてが実験室にあるラップトップ型やデスクトップ型のコンピュータ上で容易に成し遂げられるからである。

3 記述統計

3・1
定義

変数 変数とは，ある実験において観察されるカテゴリー（ラベル値）か，量（数値）かのいずれかである．変数がラベル値をとるか，数値をとるかによって，それはカテゴリー変数あるいは量的変数と呼ばれる．

カテゴリー変数 カテゴリー変数はラベル値（たとえば，赤色，緑色，青色）をとる．また，ある状態を記号化するのに数値を使用するならば（たとえば，男性＝1，女性＝2），それは数値をとることもできる．しかし，この場合の数値は，数値計算が可能な測定値と考えてはならない（つまり，男性 $\neq \frac{1}{2}$ 女性　である）．

量的変数 これはあるイベントの発生数を数え上げるか，あるいは数値的な量を測定することで得られる変数である．この種の変数は数値のみをとる．変数を測定するのに"数え上げ"が使用されるならば，それは**離散変数**と呼ばれる．その変数がある区間の中の任意の実数値（たとえば，0から1までの値）をとることができるような量を測定するのに使用されるならば，それは**連続変数**と呼ばれる．

順序変数 ある変数のとり得る値が自然論理順序（たとえば，1＜2＜3や，全面不同意＜不同意＜中立＜同意＜全面同意）であるならば，それは順序変数と呼ばれる．一般に，何かを測定して得られる量的変数はつねに順序変数である．カテゴリー変数は順序変数かもしれないし，そうでないかもしれない．量的な順序変数は**質的変数**と呼ばれる．

3 記述統計

例3.1
生物学の実験で登場するいろいろなタイプの変数を理解するために，次のような例を考えてみよう．

(a) グレゴール・メンデルの実験（Mendel 1865）では，彼はエンドウの種子の色と形状を記録した．色がとり得る値は黄色と緑色，形状がとり得る値は丸としわであったが，これらの変数は両方ともカテゴリー変数である．これらの値の中には論理順序がない（たとえば，緑色 $\not>$ 黄色，ならびに，黄色 $\not>$ 緑色）ので，いずれの変数も順序変数ではない．

(b) 細菌をシャーレで培養するとき，ランダムに選んだ $10^{-4}\,in^2$ の顕微鏡視野に観察される細菌数は，量的確率変数である．そのときこの変数がとり得る値は 0，1，2，3，… である．この変数は量的であるから，自動的に順序変数である（$0 < 1 < 2\cdots$）．

(c) 分光光度法では，液体中を通過した光の吸収量（％単位）から，その液体中に含まれる物質の濃度を推測する．この場合の吸収率は連続変数で，使用されるスケールに依存して区間 $[0, 1]$，あるいは区間 $[0, 100]$ に含まれる値をとる．

確率変数 確率変数はプレースホルダー（後で何かと置き換えるために前もって確保しておく変数のこと）であり，偶然性に左右される実験結果を記述するために定義される変数である．確率変数がとる値は，実験が実施される前には未定であるが，ある値が生じる確率，つまり確率変数の**確率分布**は知ることができる．

観測値 ある実験が実施されて完了した後には，確率変数の獲得した値がデータ値として記録されている．これらのデータがその実験における観測値として参照される．

例3.2
遺伝子の発現量は，ある区間に含まれる値をとるので，連続確率変数である．たとえ発現比（fold change）が整数で報告されたとしても，整数間の中間にある値をとることは可能であり，より精度の高い測定ではそうした値として確定される．したがって，ある遺伝子の"発現量"は確率変数である．たとえば「遺伝子XYZは処理標本と対照標本の間で2.37倍の発現比があった」のような記述が，確率変数についての観測値となる．

遺伝子の発現量や，ある植物の高さといったような確率変数がいくつかの対象物（種々の遺伝子，植物など）について繰り返し観測されるとき，その結果を表示するにはグラフを使うのが便利であることが多い．量的変数の場合，最も一般的に使用される表示法はヒストグラム，点プロット，散布図，箱ひげ図などであるが，これらは3.3節で説明する．

3・2 データを記述する数値手段

　同じタイプの多くの観測値（たとえば，マイクロアレイ実験における多数の遺伝子の発現量など）が得られるときにはしばしば，個々の測定値をすべて列挙するよりも，その測定結果を要約して報告するほうが望ましい。これはいくつかの異なる方法で行うことができる。つぎは，カテゴリーデータや量的データを要約する，最も一般的な数値測度について説明しよう。

3・2・1　カテゴリーデータ

　カテゴリーデータは表にまとめられることが多い。表は，ラベル，すなわちデータがとり得るカテゴリーと，それらのラベルがその実験で何度観測されたかの**度数**とを含んでいる。2つのカテゴリー変数が同じ個々の対象に対し観測されるならば，そのときのデータは2次元の**分割表**の形にまとめられる。

例 3.3
　2種類の黄熱ワクチン候補 A と B の有効性を検定するために，実験マウスにワクチンタイプ A か，ワクチンタイプ B かを接種した。何匹かのマウスは対照標本として，接種を受けさせずに残した。すべてのマウスに黄熱ウイルスを感染させ，適当な潜伏期間の後で生き残っているマウスと死んだマウスの個体数を調べた。こうして，各マウスについて，データが2つのカテゴリー変数として収集された。一方の変数はマウスが受けたワクチンタイプ（A か，B か，接種なしか）を表し，もう一方の変数はマウスが生き残っているか，死んだか，を示している。実験結果を分割表の形に表すと以下のようになる。

	A	B	接種なし
生存	7	5	3
死亡	3	7	12

　この例では，10匹のマウスがワクチンタイプ A を接種されて，そのうち7匹が生き残っていた。

3・2・2 量的データ

平均　すべての観測値の平均値 $\bar{x}$ は

$$\bar{x} = \frac{1}{n}\sum_{i=1}^{n} x_i$$

で計算される。ここで，観測値は $x_1, x_2, \cdots, x_n$ と表記され，n は観測値の総数（標本サイズ）である。平均に対し他によく使用される用語に，**平均値**や**期待値**などがある。

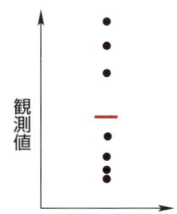

> **エクセルを使うと**　平均を計算するには，任意の空のセルをクリックして "=AVERAGE( )" と打ち込み，平均を計算したい観測値を選択する。

メディアン（中央値，中位数）　観測値の総数 n が奇数ならば，メディアンはちょうど真ん中の観測値である。n が偶数ならば，そのときのメディアンは真ん中の2つの観測値の平均である。観測値のうち，上半分はつねにメディアンよりも大きな値をとり，下半分はメディアンより小さな値をとる。

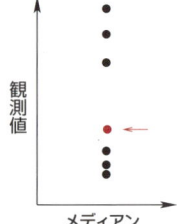

> **エクセルを使うと**　メディアンを計算するには，任意の空のセルをクリックして "=MEDIAN( )" と打ち込み，メディアンを計算したい観測値を選択する。

パーセンタイル（百分位数）　メディアンと同様な考えに従って，p パーセンタイルの値は，観測値のうち p ％がその値よりも小さな値であるような観測値である。結果として，メディアンは 50 パーセンタイルとも考えられる。25 パーセンタイル，75 パーセンタイルはそれぞれ，下方四分位数，上方四分位数と呼ばれる。

> **エクセルを使うと**　パーセンタイルを計算するには，任意の空のセルをクリックして "=PERCENTILE(DATA, p/100)" と打ち込む。ここで，DATA は観測値の配列を表し（それらを選択する），p は計算したいパーセンタイルである。たとえば，メディアンに対するもう1つ別の計算法は "=PERCENTILE(DATA, 0.5)" と打ち込むことである。下方四分位数と上方四分位数はそれぞれ，"=PERCENTILE(DATA, 0.25)" と "=PERCENTILE(DATA, 0.75)" のように打ち込むことで得られる。

分散 分散は，各観測値のその平均値からの隔たり（偏差）を二乗したものに対する平均であって，

$$\text{分散} = \frac{1}{n-1}\sum_{i=1}^{n}(x_i - \bar{x})^2$$

で計算される。ここで，$x_1, x_2, \cdots, x_n$ は観測値を表し，n は標本サイズである。分散は観測値の中に存在する変動の測度として使用されていて，その変動の分布の広がりを表している。

標準偏差 これは単に分散の平方根である。意味を持たない単位を持つ分散とは違い，標準偏差の単位はもともとの観測値と同じ単位をとる。標準偏差（分散）に対してよく使用される記号は s, σ（s^2, σ^2）である。標準偏差を，標準誤差と混同してはいけない（3.6節）。

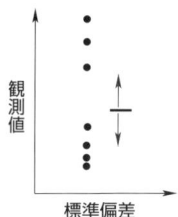

> **エクセルを使うと** 分散を計算するには，任意の空のセルをクリックして " = VAR( ) " と打ち込み，データを選択する。標準偏差を計算するには，任意の空のセルをクリックして " = STDEV( ) " と打ち込み，標準偏差を計算したいデータを選択する。

範囲 これは最大観測値と最小観測値の間の距離である。範囲はデータの広がりを表す大まかな測度として使用される。しかし，データ点の中に例外的に大きな観測値や小さな観測値がある場合には，範囲は分散（標準偏差）よりもデータ中の真の変動を誤って伝えがちになる。

> **エクセルを使うと** エクセルで範囲を計算するには，任意の空のセルに " = MAX(DATA) − MIN(DATA) " と打ち込んでデータを選択することにより，最大のデータ点と最小のデータ点の差をとる。

四分位範囲 データの変動に対するもう1つ別の測度として，極端な（極端に大きいか，小さいかの）データ値にあまり影響を受けない四分位範囲（IQR）がある。四分位範囲とは，上方四分位数と下方四分位数の間の距離である。これは時々，あるデータ点が**外れ値**（飛び地のデータ点，outlier）であるかどうかを決めるのに使用されることがある。

> **エクセルを使うと** エクセルで四分位範囲を計算するには，データの上方四分位数と下方四分位数を決定し，それらの差を計算する．任意の空のセルをクリックして"= PERCENTILE(DATA, 0.75) − PERCENTILE(DATA, 0.25)"と打ち込む．そして，データを選択する．

3●2●3 外れ値の決定

外れ値とは，あるデータの値が，残りの大多数のデータの値と極端に違っているデータ点のことである．外れ値は，測定過程やデータの記録中におけるエラーによって発生することがある．また外れ値は，正当な理由があって大多数のデータの点とは違った測定値をとる可能性もある（たとえば，ある治療に対し，稀に極端な反応を示す患者）．ある観測値が外れ値であるかどうかについての判断は，主観的な問題である．

ある観測値を外れ値と考えてよいかどうかを決めるため，統計の経験則ではデータの四分位範囲を使用する．すべてのデータ点（外れ値と疑われるデータ点も含む）を使い，そのデータに対する下方四分位数 Q_1 と上方四分位数 Q_3 に加えて，四分位範囲 IQR $= Q_3 - Q_1$ を計算する．観測値が $Q_3 + 1.5 \times$ IQR より大きいか，あるいは $Q_1 - 1.5 \times$ IQR より小さいならば，その観測値は外れ値と考えられる．

ある観測値が外れ値かもしれないと疑われるならば，まずは単なるタイプミスなどの可能性を除外するために，観測値の記録を再確認する．また，測定を繰り返すことができないならば，統計解析はその外れ値を含んだ場合と含まない場合とで実行されなければならない．そのデータ点がその後の解析で除外されるならば，なぜそのデータ点が外れ値と考えられるのか，何がその大多数の観測値とは違う値をもたらしたか，といった説明を加えるべきである．

例3.4

1902年に，いろいろな食品についての鉄分の含有量が，G. von Bunge（1902）によって測定された．この実験では，ホウレンソウは100gにつき35mgの鉄を含むとされた．この値が後に他の科学者によって利用されたが，そのとき彼らは間違いをおかした．von Bungeによって測定された値を彼らは利用したのだが，この値が生のホウレンソウの葉のものではなく，乾燥させたホウレンソウのものであったことに注意を払わなかったのだ．この間違いは，ホウレンソウが健康に良いというキャンペーンに繋がったのはもちろんのこと，有名な漫画の登場人物をも生んだのである．

3・2 データを記述する数値手段

　下の表は，それぞれの食品100g当たりに含まれている鉄分の量（単位mg）を列挙したもので，米国農務省（USDA）により報告された全米食品標準成分データベース（U.S. Department of Agriculture 2005）からの引用である。

食品	100g当たりの鉄分（単位mg）
牛肉（調理済）	6.16
ヒマワリの種子（塩味付け，炒ったもの）	3.81
チョコレート（セミスイート）	3.13
トマトペースト（缶詰）	2.98
インゲン豆（茹でたもの）	2.94
ホウレンソウ（生）	2.70
芽キャベツ（調理済）	1.20
豆乳	1.10
レタス（生）	1.00
ブロッコリー（生）	0.91
赤キャベツ（生）	0.80
ラズベリー（生）	0.69
イチゴ（生）	0.42
ジャガイモ（焼いたもの）	0.35

食品（von Bunge 1902）	100g当たりの鉄分（単位mg）
ホウレンソウ（乾燥）	35.00

　これらの数値をまとめて表示すると，乾燥させたホウレンソウの高い鉄分含有量は，統計的外れ値と考えられるだろうか？　また牛肉の数値に関してはどうだろうか？　上の2つの表にある15のデータ値に対する四分位数を計算すると$Q_1 = 0.855$，$Q_3 = 3.055$であり，四分位範囲はIQR = 3.055 − 0.855 = 2.2となる。35.00という値は$Q_3 + 1.5 \times$ IQR = 3.055 + 1.5 × 2.2 = 6.355より大きいので，乾燥させたホウレンソウ

の値はこのデータ値集合では外れ値と考えられる．他のすべての食品の数値が生，もしくは調理された食物についてのもので，乾燥させたホウレンソウは根本的にその他の列挙された食品とは違うので，このことは納得できる．牛肉の鉄分含有量（6.16 mg）は $Q_3 + 1.5 \times IQR = 6.355$ より小さな値なので，これは外れ値とは考えられないだろう．

3・2・4　記述統計測度の選び方

　平均やメディアンは，分布の中心位置を記述したり，ある与えられた観測値の集合に対する"代表的な"値を得たりするために用いられる数値的な測度である．観測値の中にいくつかの代表的でない極端な値（外れ値）があるときには，メディアンのほうが平均値よりも信頼できる中心位置の測度となる．一方で，外れ値がなく，とくに観測値の個数が大きいときには，平均値が中心位置の好ましい測度となる．データが具体的な問いかけに答えるのに使用される場合には，メディアンよりもむしろ平均でもって作業を進めるほうが，その後の統計解析をよりスムーズに進めることができる．

　分散，標準偏差，範囲，四分位範囲などはすべて，観測値のバラツキ，すなわち変動性を記述するのに使用できる統計測度である．データの中の変動性が小さい場合には，観測値がすべて近接したグループを形成していることを意味する．反対に，観測値が広い範囲の値にわたっているときには，変動性の測度は大きな値をとることになる．中心位置の場合と同様，分散および標準偏差は，観測値の中に極端な値の外れ値がない場合により適切に用いられる．範囲は，それが最大観測値と最小観測値のみに基づいている測度なので，外れ値に非常に影響されやすい．

データの特徴	統計測度	いつ使用するか
中心位置	平均 メディアン	外れ値がなく，大標本のとき 外れ値があっても使用可能
変動性	標準偏差 四分位範囲 範囲	外れ値がなく，大標本のとき 外れ値があっても使用可能 注意深く使用

3・3

データを図示する手段

　棒グラフ　カテゴリーデータの場合，よく使用される図示の手段は棒グラフである．各カテゴリーに属する観測値の個数がカウントされ，それが棒の長さとして図示される．棒の長さがそれぞれのカテゴリーに対する度数を表す．カテゴリー変数のとる値は順序

3・3 データを図示する手段

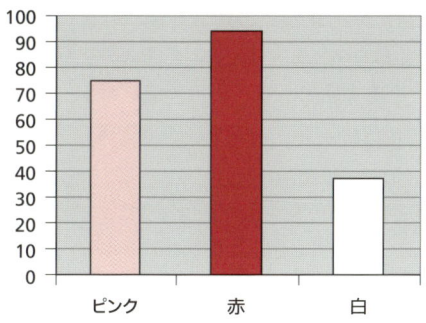
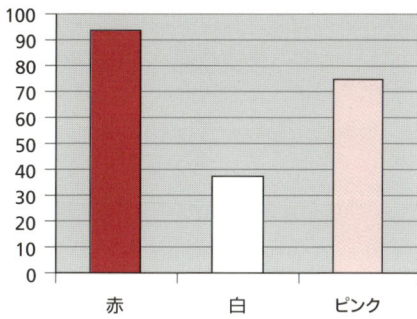

図1　206株の植物について観察された花の色を棒グラフとしてプロットしたもの。棒はそれらが示す色によってラベルを付けられ，度数は棒の長さによって表される。カテゴリーの順序は任意である。

を持たない可能性があるので，その場合，棒（それぞれの棒はそれが表すカテゴリーによってラベルを付けられている）の順序は，棒グラフの意味づけを変えることなく変更できる。

例 3.5

記録された変数が，ある植物の花の色であるとする。実験では，ある顕花植物について親同士の交配で206株の子孫が得られ，それらを花の色によって分類した。その結果が表の形にまとめられている。図1はこのデータを2種類の棒グラフの形で表示している。

花の色	株数
赤	94
白	37
ピンク	75

円グラフ　カテゴリーデータを表示するとき，棒グラフに代わるもう1つの手段が円グラフ（図1と図2を比較しよう）である。円グラフでは，度数（各カテゴリーに属する観測値の個数）が相対度数として表される。相対度数（全観測値の総数に対して占める

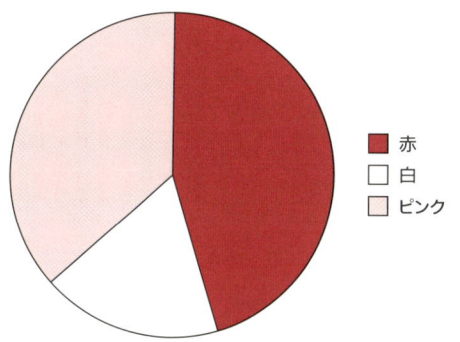

図2　例3.5に示した，花の色のデータについての円グラフ。

比率）を計算するためには，観測値の総数を求め，その総数で各度数を割ればよい．各カテゴリーは，棒の長さによって表示されるのではなく，いろいろな大きさの"パイの一切れ"によって表示される．"パイの一切れ"全部を合計した"パイ全体"（図2の円）は，観測値の総数を表している．

> **エクセルを使うと**　カテゴリーのラベルと，対応する度数とを表の形に書く．その表の中のカテゴリーの順序がグラフに現れる順序となる．表を選択し，「挿入」→「グラフ」をクリックして，適当なグラフのタイプを選択する．

ヒストグラム　ヒストグラムでは，観測値の範囲がサブカテゴリー（ほとんどの場合，等間隔のサブカテゴリー）に分割される．観測値の度数，あるいは頻度（すなわち，あるサブカテゴリーに属する観測値の個数）が柱のy軸上の長さとしてプロットされる．ヒストグラムで使用される柱の幅および数は，データに依存する．観測値の数が少ないならば，ヒストグラムは適当でない．観測値の数が多ければ多いほど柱の幅を狭くすることができ，よりいっそう精度よくデータを表現できる．適切に構成されたヒストグラムからは，データの中心位置，外れ値，およびデータの分布の対称性，全般的な形状などがチェックでき，データの全体像を手早くつかむことができる．

例3.6

1846年に，William A. Guyは英国紳士階級の人々の寿命の長さを研究した（Guy 1846）．彼は地方一族の家系図と記念碑板から，2455人の（21歳以上の）成人男性の寿命を記録した．その記録結果が図3にヒストグラムの形で表示されている．この例での観測値の総数（2455）は非常に大きいから，ヒストグラムの柱の幅は比較的狭く（たとえば5年か，それより狭く）とることができ，結果について詳細な印象を得ることが

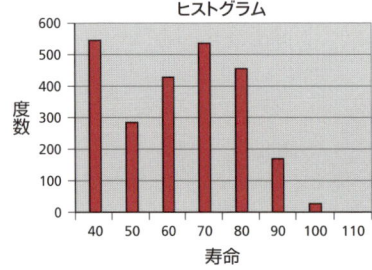 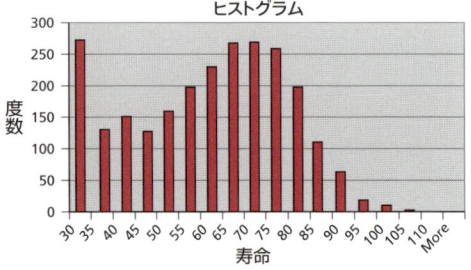

図3　英国紳士階級の年単位での寿命．Guy（1846）からの同一のデータが，柱幅の異なるヒストグラムの形で表示されている．左のヒストグラムは柱幅が10年，右のヒストグラムでは5年である．

できる。柱の幅をより広く（たとえば10年に）とると，同じデータを視覚化した分布でも，多少詳細さを欠くことになる。ヒストグラムの柱の幅は，その研究の結論で必要とされる詳細さのレベルによって決められるべきである。

> **エクセルを使うと**　ヒストグラムを作成するためには，観測値のデータをある1つの縦列に（順序は任意に）書き込む。「データ」→「データ分析」→「ヒストグラム」とクリックする。入力範囲として，そのデータの縦列を選択する。ヒストグラムの柱に対して使う値を指定することによって，サブカテゴリーを指定できる。例3.6では，左のグラフでは柱の境界値が20, 30, …, 110と選ばれ，右のグラフでは20, 25, …, 105と選ばれている。エクセルのプログラムが自動的に度数分布表を作成する。「グラフ作成」のボックスをチェックしておけば，ヒストグラムが作成される。表示される度数は，柱の左側の境界値より大きく，右側の境界値以下の観測値の個数である。

点プロット　量的データの場合で，観測値の数が適度に小さい（$n \leq 20$）ようなときにはとくに，点プロットがヒストグラムよりふさわしいグラフ表示法となる。ヒストグラムでは観測値を分類する（柱の中に配置する）ように要約しているのに対し，点プロットは各データ点を個々に表示してより多くの情報を伝える。点プロットでは，各々のデータ点が，測定値を表す垂直方向もしくは水平方向の軸上に配置される点で表される（図4を参照）。

散布図　2つの量的変数に対して，最も便利なグラフ表示法が散布図である。散布図では，一方の変数は水平方向のx軸上にプロットされ，もう一方の変数は垂直方向のy軸上にプロットされる。散布図は，それぞれの変数の中心位置とバラツキを目で見て概観できるようにしてくれると同時に，2つの変数の間に存在しているかもしれない関係について重要な手掛かりを提供してくれる。

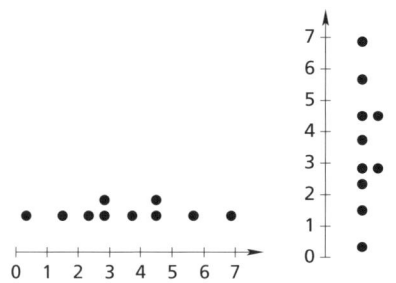

図4　同じ10個の観測値を，水平方向（左側）と垂直方向（右側）にプロットした2つの点プロット。同じ値をとる観測値は，互いに縦並び（左側），横並び（右側）で繰り返しプロットされる。

3 記述統計

> **エクセルを使うと** エクセルのスプレッドシートの2つの縦列に観測値を書き込む。同じ対象に関する観測値は，同一の行にくるようにする。「挿入」→「散布図」とクリックし，観測値の縦列を選択する。

箱ひげ図 ヒストグラムと同様，箱ひげ図は量的データを表示するものである。箱ひげ図はデータを記述するのに，計算された量（たとえば，メディアンや四分位数など）を利用して，それらをグラフの形で表す。箱ひげ図は，このような方法でデータを要約する。箱ひげ図は，個々の観測結果を（点プロットのように）別々に報告するには，観測値の数が多すぎる場合のような実験結果を記述するのに適している。いくつかの母集団についての測定を比較したり，ある母集団の様々に異なった環境への反応を比較したりしようとする場合，箱ひげ図はとくに有益である。

箱ひげ図を作成するには，図示したいデータ集合に対して，最小値，最大値，メディアンに加え，下方四分位数，上方四分位数を計算する。通常，箱ひげ図は垂直方向の目盛りで描かれるが，水平方向に描くこともできる。測定された変数をその単位を使って縦軸に表記する。箱ひげ図には，箱を通り抜けるメディアンを表す1本の（太めの）線分が示されている。箱は，観測値の下方四分位数から上方四分位数までの長さを占める。そして"しっぽ"，または"ひげ"が，最大観測値と最小観測値まで伸びている。

修正箱ひげ図では，外れ値が星印で示され，しっぽは外れ値でない最大（最小）観測値まで伸びている。

例3.7

19世紀における英国上流階級の寿命についての観測値を含んだWilliam A. Guyのデータ集合（Guy 1846）に対して，紳士階級，貴族階級，君主階級の間で寿命を比較することに興味を持ったとしよう。君主階級は貴族階級よりも長生きするか？ グラフ上でこうした比較ができるようにするため，3つのグループに関しての利用可能な観測値を用い，箱ひげ図を並べて描いた。

グラフから，3つのグループの間では，寿命はそれほど違わないことを観察することができる。全般的に見て，君主階級は他の2つのグループの人々よりも多少短命のようである。

箱ひげ図を並べることにより，2つ以上の変数をグラフ表示することができる。例3.7における変数は，量的変数の「寿命」と，紳士階級，貴族階級，君主階級の値をとるカテゴリー変数の「グループ」である。

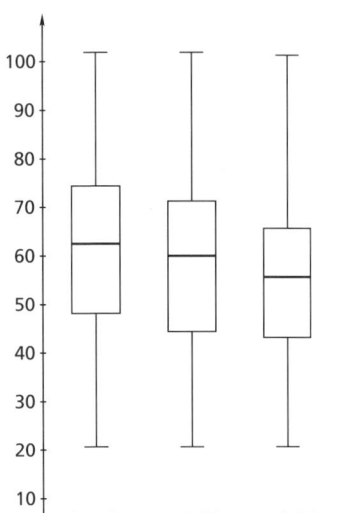

3・3・1　データに対する適切なグラフ表示の選び方

　データをグラフによって図示する目的は，データが持つ情報を読む者に伝えることにある。焦点を当てたいデータの特徴によって，その特徴を浮き彫りにするのに適した，それぞれに異なった表示法があるだろう。一般には，図示したものが過度に雑然としたものにならない限りは，より包括的にデータ全体を表示したほうがよい。たとえば，2つのグループに対して繰り返し測定された測定値を比較することがグラフ作者の意図ならば，平均だけを表示しているグラフよりも，そのバラツキについても何かしらを表示しているグラフのほうがよい。(図5を参照)。

　データ集合が非常に大きい場合には，何かしらの要約が必要になる。量的データはヒストグラムか箱ひげ図で表示できるだろう。両方とも，観測値の中心位置とバラツキについての理解を与えてくれる。異常な観測値（外れ値）が重要であるときには，修正箱ひげ図が最良の表示法となるだろう。いくつかの母集団を目で見て比較するには，箱ひげ図のほうがヒストグラムよりも適している。

　量的データは棒グラフ，円グラフのいずれでも同じように表示できる。いくつかの母集団に対する量的測定値を視覚的に比較したいときには，母集団ごとに違った色を持った棒グラフを並べることができるだろう。この方法は，比較する母集団の数が少ない（≦ 3）限りは，妥当な表示法である。

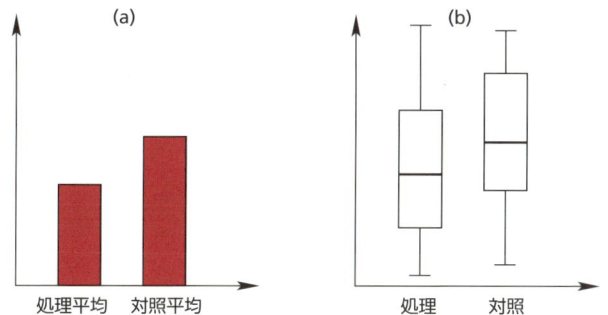

図5　ある処理を施した母集団の測定値と，対照母集団の測定値についての，グラフ表示の比較。2つの母集団の平均値を棒グラフ（a）として表すことは可能であるが，この表示法では，2つのグループの間に違いがあるかどうかを判断する情報を十分に伝えられない。同じデータを，箱ひげ図を並べた（b）の形で表示すれば，分布の中心位置の違いと観測値のバラツキを関係づけることができ，有意な差があるか否かについての判断がしやすくなる。

3・4
確率分布

ある実験における確率変数は，偶然性に左右される実験結果に対するプレースホルダーであることを思い出そう．実験が実施される前には，確率変数のとる値は未知である．ただし，その確率変数が特定の値をどんな確率でとるのかは知られているものとする．統計学者はこれを確率変数の**確率分布**と呼んでいる．

例3.8
ある対立遺伝子をヘテロ接合（Aa）で持つ2つの個体の間で交配が行われたとする．その子の遺伝子型はAA, Aa, aaのいずれかである．交配が行われる前には，子がどんな遺伝子型を持つのかは分かっていない．しかしながら私たちは，それらの遺伝子型がそれぞれ0.25，0.5，0.25の確率で生じることを知っている．

生物学上の適用においてしばしば現れる，大事な確率分布がいくつかある．その最も重要な2つの分布，**二項分布**と**正規分布**について以下に論じてみよう．

3・4・1 二項分布

次のような状況を考えるとしよう．一連のn回の独立な試行が実施されるとする．各々の試行では（確率pでもって）成功か，（確率$1-p$でもって）失敗か，そのいずれかが生ずる．ここで私たちが興味ある量は成功する試行回数である．

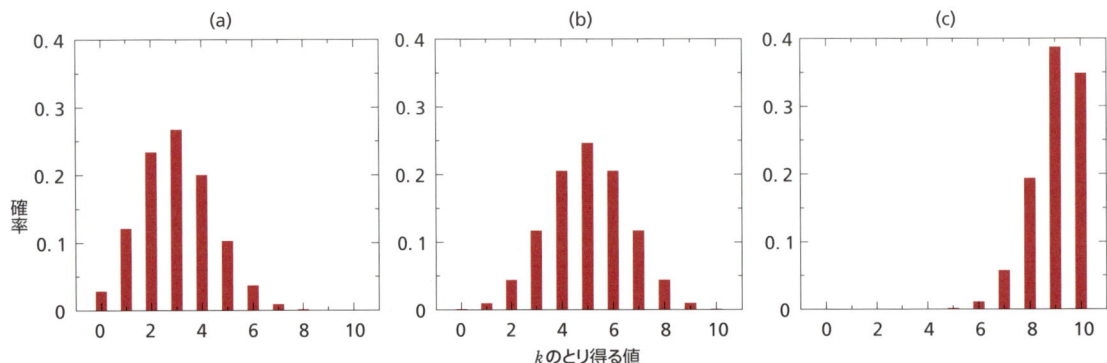

図6　パラメータとして$n=10$に加え，それぞれ$p=0.3$ (a)，$p=0.5$ (b)，$p=0.9$ (c) の値を持つ，3つの二項分布の確率ヒストグラム．棒の高さは，$n=10$の全試行回数のうちで，各回数の成功結果を見る確率を示している．

$$X = n \text{ 回の試行のうちで成功した回数}$$

この量 X は，試行結果が偶然性の下にあるので，確率変数である。X は 0（試行が 1 回も成功しない場合），1，2，…，n（すべての試行が成功する場合）の値をとり得る。この種の確率変数は，パラメータ n と p を持った二項確率変数と呼ばれる。この二項確率変数に対する基本的な仮定条件は，

- n 回の試行は全く同じで，互いに独立（それらの試行結果が互いに影響しない）である。
- 成功する確率 p は各試行において同じである。

と定められている。ある二項確率変数のとり得るすべての値（0，1，…，n）に対し，確率が割り当てられる（図6）。たとえば，n 回の試行で成功の結果が 0 回と観測される確率は $(1-p)^n$ であるが，これはすべての試行が失敗する確率である。より一般化して，n 回の試行で k 回の成功結果を見る確率は

$$P(X=k) = \binom{n}{k} p^k (1-p)^{n-k}$$

のように計算できる。ここで，$\binom{n}{k}$ は二項係数で，これは $\binom{n}{k} = n!/k!(n-k)!$ として（手で）計算するか，あるいはエクセルのコマンドを使い "=COMBIN(n, k)" として計算できる。時には，$P(X \leq 3)$ のような確率，すなわち "高々 3 回の成功をするのはどの程度の確率か" を計算することに価値があることがある。この確率はたとえば

$$P(X \leq 3) = P(X=0) + P(X=1) + P(X=2) + P(X=3)$$

のように計算されるので，統計学では，こうした確率を**累積確率**と呼ぶ。

エクセルを使うと　二項確率変数に対する確率や累積確率をエクセルで計算するためには，任意の空のセルをクリックして，"=BINOMDIST(k, n, p, CUMULATIVE)" と打ち込む。ここで，k はその確率を計算しようとする成功の回数，n は実施される全試行回数，p は各試行において成功結果を得る確率である。そして CUMULATIVE は，特定の事象が生ずる確率［たとえば，$P(X=3)$］を計算しようとするか，累積確率［たとえば，$P(X \leq 3)$］を計算しようとするかに応じて，それぞれ "FALSE" または "TRUE" の値をとる。

例 3.9

白皮症の遺伝子を保有する 2 人のキャリアーが子どもを持つとすると，その子どものそれぞれが白皮症を発症する確率は 0.25 ずつである。ある子どもの後に続いて生まれる子どもが白皮症を発症するか否かは，兄弟姉妹同士では互いに独立である。この家族中で白皮症を発症する子どもの人数は，$p=0.25$ と，$n=$ "その家族中の子どもの人数"

3 記述統計

を持った二項確率変数である。

両親が白皮症の遺伝子を保有し，3人の子どもを持った家族において，ちょうど1人の子どもが白皮症である確率を計算するためには，二項分布を使用する。この場合の二項確率変数は$X=$ "白皮症を発症した子どもの人数" で，X が1に等しい確率を計算する必要があり，

$$P(X=1) = \binom{3}{1}(0.25)^1(0.75)^2 = 0.421875$$

あるいはエクセルを使用して

$$P(X=1) = \text{BINOMDIST}(1, 3, 0.25, \text{FALSE})$$
$$= 0.421875$$

と求められる。

同一の家族が，高々2人の白皮症を発症した子どもを持つ確率を求めるためには，確率密度の代わりに累積分布関数を使う。先ほどと同じ確率変数 X に対し，ここでは X が高々2（≤2）である確率を計算したい。これは，X が0，1，2である確率をそれぞれ計算し，それらを足し合わせることにより求められる。あるいは，エクセルを使い，累積確率を

$$P(X \leq 2) = \text{BINOMDIST}(2, 3, 0.25, \text{TRUE}) = 0.984375$$

と計算して求められる。

図7 離散確率分布はヒストグラムで表示できる。ヒストグラムの棒の数は，その確率変数がとり得る値の数に対応している（左側と真ん中のグラフ）。無限に多くの値をとることが可能な連続確率変数の場合に対しては，その確率分布は密度曲線として表される（右側のグラフ）。

3・4・2 正規分布

たとえば二項分布のような，離散確率変数の確率分布はヒストグラムの形でグラフ表示できる（図6を参照）。確率がとり得る各値の棒の高さは，その値が実験で生ずる確率に対応している。ある区間で任意の値をとることが可能な連続確率変数に対しても，類似のグラフ表示法を使用できる（図7を参照）。

実際には，最もよく使用される連続確率分布は正規分布である。正規分布は多くの状

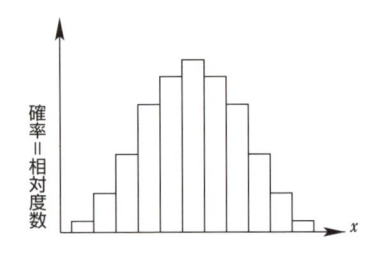

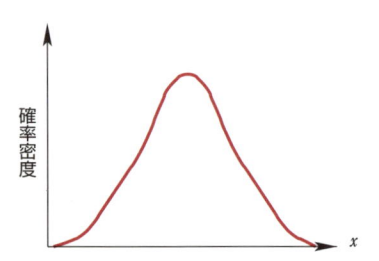

3・4 確率分布

況で自然に（ただし自動的ではないが）生ずる。正規分布はまた，多数の観測値に基づいて統計量が計算されるときには多くの場合で重要な役割を演じる。

形状 正規分布は特徴的な鐘形の曲線を示す。正規分布は左右対称な曲線であり，平均値 μ と標準偏差 σ で特徴づけられる。μ と σ は正規分布のパラメータと呼ばれる。あらゆる正規分布は本質的に同じ形状（図8）を示し，それは次の関数形

$$f(x) = \frac{1}{\sigma\sqrt{2\pi}} e^{-\frac{1}{2}\left(\frac{x-\mu}{\sigma}\right)^2}$$

で記述される。平均値 μ は中心の位置（x 軸上の位置）を定めている。標準偏差 σ は分布のバラツキ度合を決め，これでもって正規曲線の高さと幅の両方が定められる。標準偏差が大きくなる（正規分布のバラツキが大きくなる）のに伴って，より平坦で広がった曲線になる。

> **メモ** 平均 $\mu = 0$，標準偏差 $\sigma = 1$ の正規分布は，**標準正規分布**と呼ばれる。

正規分布は連続確率分布である。すなわち，正規分布に従っている確率変数は，ある区間の中の任意の値をとることができる。このような確率変数に対する確率を計算する

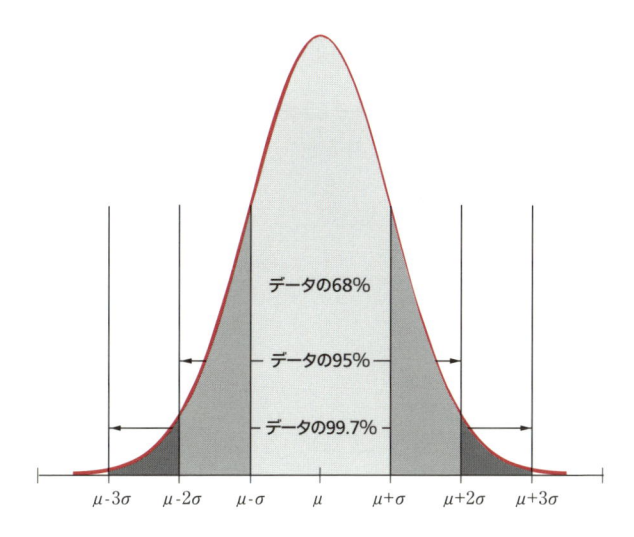

図8 正規分布は，平均値 μ を中心として左右対称な分布である。データのほぼ68％は平均値から1倍の標準偏差以内（$\mu-\sigma \leq x \leq \mu+\sigma$）に見出される。また，データのほぼ95％は平均値から2倍の標準偏差以内（$\mu-2\sigma \leq x \leq \mu+2\sigma$）にあり，そしてデータのほぼ99.7％は平均値から3倍の標準偏差以内（$\mu-3\sigma \leq x \leq \mu+3\sigma$）にある。

ためには，正規曲線下の面積を求める必要がある．正規曲線下の全体の面積は 1 に等しい．確率変数 X の 2 つの値 x_1 と x_2 の間の正規曲線下の面積は，それら x_1，x_2 の間にある任意の値を確率変数 X がとる確率 $P(x_1 \leq X \leq x_2)$ に対応している（図 9 を参照）．統計上の適用では，確率分布に対しての "尾部確率" が興味の対象となることがある．これは，ある特定の値 x の左側（あるいは右側）にある正規曲線下の面積がどれぐらいの大きさになるかを求めたいということを意味する．あるいはまた，特定の尾部確率（たとえば 0.05 など）に対し，どんな x 値がその尾部確率に対応しているかを知ることが必要になることもある．

> **エクセルを使うと**　正規分布に従う確率変数に対する確率を計算するためには，エクセルのコマンド "=NORMDIST(x, μ, σ, CUMULATIVE)" を使う．ここで，μ と σ はその正規分布のパラメータ（平均値と標準偏差）である．そして CUMULATIVE は，x より左側にある正規曲線下の面積 $P(X \leq x)$ を計算したい（TRUE）か，x の点での正規曲線の高さ $f(x)$（すなわち，正規密度関数の値）を計算したい（FALSE）かに応じて，それぞれ "TRUE" または "FALSE" の値をとる．この 2 番目の $f(x)$ の計算は，実際には非常に稀にしか必要とされない．

例 3.10

平均 $\mu = 10$，標準偏差 $\sigma = 2$ を持つ正規確率変数が 9 と 13 の間にある値をとる確率を計算するためには，エクセルのスプレッドシートで任意の空のセルをクリックし，

$$= \text{NORMDIST}(13, 10, 2, \text{TRUE}) - \text{NORMDIST}(9, 10, 2, \text{TRUE})$$

と打ち込む（その結果得られる答えは 0.62465526 である）．すなわち，まず 2 つの尾部確率を計算し，次に 13 より左側にあるが 9 より左側にはないような値をとる確率を

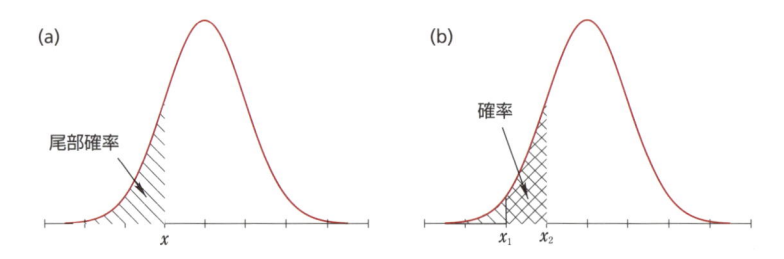

図 9　(a) 正規分布に対する左側尾部確率．斜線部分の面積は，正規確率変数 X が x より小さいか，等しい値をとる確率に対応している．(b) 正規確率変数に対する確率．斜線部分の面積は，正規確率変数 X が x_1 と x_2 の間にある値をとる確率 $P(x_1 \leq X \leq x_2)$ に対応している．その確率は，x_2 に対する左側尾部確率 $P(X \leq x_2)$ から，x_1 に対する左側尾部確率 $P(X \leq x_1)$ を差し引くことによって計算できる［すなわち，$P(x_1 \leq X \leq x_2) = P(X \leq x_2) - P(X \leq x_1)$］．

3・4 確率分布

計算するために，これらの尾部確率の差を求める。

例 3.11

　正規分布におけるパーセンタイルは，x 軸上の値について，その値の左側にある正規曲線下の尾部面積が，ある特定の面積に等しいようにしたときの値である。たとえば，平均値 $\mu = 5$，標準偏差 $\sigma = 3$ の正規分布についてその 5 パーセンタイルを求めるには，エクセルのスプレッドシートの中で任意の空のセルをクリックし，

$$=\text{NORMINV}(0.05, 5, 3)$$

と打ち込む（その結果得られる答えは 0.0654 である）。

3・4・3　あなたのデータの正規性を評価しよう

　「データが正規分布に従っている」とは，多くの統計モデルにおいて基礎をなす重要な仮定条件である。実験者は，「実験で収集されたデータが確かに正規分布に従っている」とどのようにしたら確信できるだろうか？　それを確かめるには，いくつかの方法が存在する。これらの統計的仮説検定を使用すれば，「データは正規分布しているか？」という問いかけに，望む精度で答えることができるのである。その比較的容易な視覚的手段が，いわゆる**確率プロット（Probability Plot: PP プロット）**や**分位数プロット（Quantile Plot: QQ プロット）**である。いずれのプロットも，観測されたデータの振舞い（分布）を，そのデータが正規分布だったらこう見えるだろうと期待される振舞いと比較する。

確率プロット　左側の尾部確率の形を使って，正規分布で期待される振舞いと，観測されたデータの振舞いとを比較する。ある観測値に対する左側尾部確率とは，観測値がその値より小さい割合（パーセンテージ）である。たとえば，20 個の観測値のうち 3 番目に小さなものに対してのこの値は 3/20 となる。この種の表示法は，**RANKIT プロット**と呼ばれることもある。

分位数プロット　正規分布のパーセンタイル（すなわち，分位数）を，観測データのパーセンタイルと比較する。観測値の p パーセンタイルとは，観測値のうちの p % がそれより小さくなるような，その値であることを思い出そう。ここで，観測データと同じ平均値と標準偏差を持った正規分布についてのパーセンタイルを計算し，それらの計算結果を観測データのパーセンタイルと比較する。

　QQ プロットのほうは，データの尾部における正規性からの偏差を検出するのに適している。それに対し PP プロットのほうは，データ分布の中心部周辺における正規性か

らの偏差を検出するのに適している。標本サイズ n が大きい（$n > 30$）ならば，QQプロットとPPプロットの2つの表示法の間にはほとんど違いがない。

エクセルでのQQプロットの計算　ある実験で収集された n 個の観測値があるとし，その観測値集合が正規分布に従っているか否かをチェックしたいとする。

1. 観測値のデータについて，標本平均 $\bar{x}$ と標本標準偏差 s を計算する。
2. エクセルのスプレッドシートの縦列Aにデータ値を書き込み，それらの値を大きさの順に（1番小さなデータ値を最初にして）ソートする。
3. 各観測値ごとにパーセンタイルを割り当てる：縦列Bに1, …, n の数を順に書き込んで，縦列Cのセル1に "=(B1 − 1/3)/(n + 1/3)"（n は相当する値を用いる）と打ち込み，この式をその縦列Cの n 番目まで下に向かってドラッグする。こうして得られる計算結果が，観測データに対するパーセンタイルとして使用する値である。
4. 比較のための，正規分布によるパーセンタイルを計算する：縦列Dの1番目のセルに "=NORMINV(C1, $\bar{x}$, s)" と打ち込んで，この式をその縦列Dの n 番目まで下に向かってドラッグする。ただし，$\bar{x}$ と s はステップ1で計算した標本平均ならびに標本標準偏差の値を用いる。
5. 元々のデータ値（縦列A）に対し，縦列Dに求められた正規分布のパーセンタイルをプロットした散布図を作成する。

プロットの解釈　データが近似的に正規分布しているときには，その散布図中の点列は，傾きがほぼ45°の直線上にあるはずである（図10を参照）。その直線からのちょっ

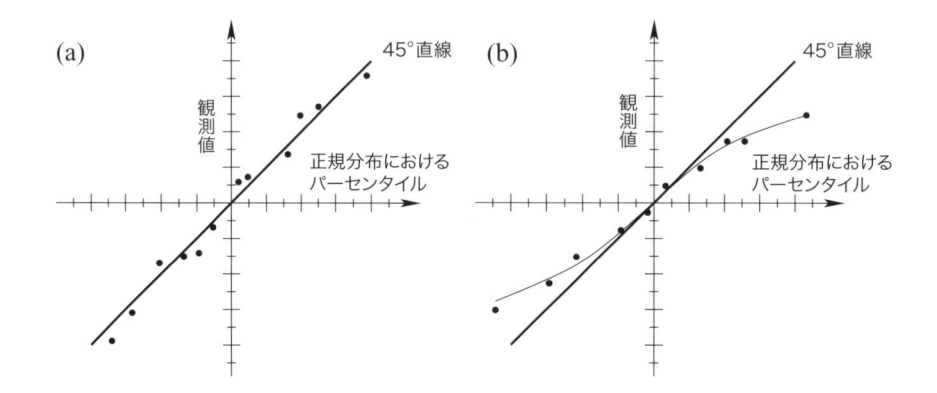

図10　QQプロットは，データが正規分布に従っているかどうかを判断する視覚的手段として使用できる。QQプロットの点列が傾き45°の直線近くにある（a）のようなときには，データ値の分布が正規分布であることを示唆している。その点列が直線でない何か他の形状〔たとえば，（b）のようなS字カーブの曲線〕をとるときには，データが正規分布に従っていないことを示唆している。

としたズレは，観測値の中にある変動に起因すると考えられる。もし散布図が何らかの種類の系統的な形状（たとえば，S字カーブの曲線）を示すときには，これはデータが正規分布していないことを示唆している。

3・4・4　データ変換

　データは正規分布していないが，正規性を要求する統計モデルを使用したいときには，正規性の仮定条件を満たすようデータを変換することがある。この変換過程では，ある関数が選ばれ，この関数による変換がすべての観測値に適用される。たとえば，元の観測値が $x = 5$ であり，変換関数として $f(x) = \ln x$ を選んだとすると，$\ln 5 = 1.609$ が元の値の代わりに使われることになる。そして，変換した値について前述した手段を使い，再度正規性をテストする。変換したデータが正規性のチェックに合格すれば，統計モデルが変換したデータに適合できる。変換したデータが正規性のチェックに合格しなければ，別の変換を試みる。

　よく使用される変換関数としては

$$\ln x, \quad e^x, \quad \sqrt{x}, \quad x^a$$

などがある。あるデータ集合に対してどの関数が最も適しているかは，通常，試行錯誤によって決められる。ある関数を選び，すべてのデータ値を変換し，そして正規性をチェックする。変換したデータがだいたい正規分布しているようになるまで，必要に応じてこれを繰り返す。

　変換が適しているか否かは主観的な判断である。また，何らかの変換を施すことは，観測された生物学的プロセスを説明しようとする統計モデルを，より複雑なものにすることを念頭におくべきである。通常，簡単な変換のほうが，込み入った変換よりも好ましい。というのは簡単な変換のほうが，生物学的に意味のある説明をするのが容易だからである。たとえ $f(x) = \tan^{-1}\left(\frac{2x}{1+e^x}\right)$ のような合成変換が正規分布に従う申し分ないデータを生成するとしても，そうした合成変換には手を出すべきではない。目標とするのは，観測値の正規性と，結果として生ずる統計モデルの解釈のしやすさ，この2つの間で折り合いをつけることである。統計モデルについては4.1節で詳細に述べる。

　メ　モ　データを正規分布に見えるようにするための，簡単で意味のある変換が時には**不可能**であることがある。こうした場合は，データを変換する代わりに，統計モデルのほうを調整する必要がある。変換に深入りし過ぎてはならない。

3・5

中心極限定理

生物学での応用において，ある母集団の量的な特徴についてなるべく多くのことを知りたくなることがある。たとえば，ある生物の平均生存時間や，乾燥ストレスのような処置を施している植物の特定遺伝子の平均発現量，といった特徴である。あるいは，母集団の中に，ある形質が存在するか否かに研究の焦点が当てられることもある（たとえば，患者の何パーセントが嚢胞性線維症の遺伝子を保有しているか？）。

研究で対象とすることのできる個体（細菌，植物，人間）の数は通常，費やすことのできる時間，費用，人的資源などによって制約される。たとえ総体的な**母集団全体**（たとえばすべての人間から成るような集団）についての結論を引き出すことが研究者の目的であっても，**標本**（たとえばある臨床試験における限られた数のボランティアから成るような集団）でもって作業せざるを得ない。異なった標本の選択は，研究に含まれる対象ごとに違った結果をもたらすだろうし，そしてそれは異なった結論をもたらす可能性がある。

例 3.12

10,000の個体から成る母集団の中で，その1％が特定の対立遺伝子を保有するとする。この特定の対立遺伝子が，実験における研究の焦点である。対立遺伝子を保有しているか否かを調べるために，実験で10の個体が母集団からランダムに選ばれた。ここで，次の値

$$\hat{p} = \frac{\text{標本中で対立遺伝子を保有する個体数}}{\text{標本中の個体の総数}}$$

で与えられる量は**標本比率**と呼ばれる。ここではこの対立遺伝子は比較的稀にしか存在せず，わずか1％，すなわち10,000個体の中の100個体だけがこの対立遺伝子を保有することを思い出そう。おそらく，ランダムに選んだ10個体のいずれも，この対立遺伝子を保有していないだろう（$\hat{p}=0$）。もちろん，ランダムに選んだ標本の中で1個体ないし，数個体が対立遺伝子を保有していることはあり得る（$\hat{p}=0.1$ないし，$\hat{p}=0.2$）。量 $\hat{p}$ は1つの確率変数である（$\hat{p}$ がとる値は標本の選択に依存する）。この $\hat{p}$ が従う分布は，二項分布を使って計算できる（3.4.1節を参照）。たとえば，ランダムに10個体を選び，それらのいずれの個体も対立遺伝子を保有しない（$\hat{p}=0$）という確率は，$P(X=0) = \text{BINOMDIST}(0, 10, 0.01, \text{FALSE}) = 0.9043$ と求められる。

> **メモ** ある量が標本データに基づいて計算された母集団のパラメータの推定量であることを明示したいとき，統計学ではしばしば"ハット"の表記を用いる．たとえば，$\hat{p}$ は母集団のパラメータ p の推定量を示している．母集団全体に対してのパラメータ p は通常不明だが，その推定量 $\hat{p}$ は観測値の集合（データ）から計算できる．

母集団の中で，ある特徴を示す個体の実際の数が分かっていて，その母集団比率 p が知られている（たとえば，母集団の中である遺伝子を保有するのが1％であることが分かっている）ならば，確率変数 $\hat{p}$ の確率分布を計算できる．しかし，ほとんどの実験は母集団比率が知られていない状況下で実施される．実際には，この母集団比率を推定することこそが，多くの実験においてまさしくその目的となる．それでも，標本比率の統計分布は明らかにすることができるのだろうか？　答えは「Yes」である．**中心極限定理**が，確率変数としての標本比率の統計分布について一般的な説明を与えてくれる．詳細は3.5.1節で論じる．

母集団の量的な特徴を研究する目的で実験をする場合に，しばしば報告されるものが**標本平均**である．すなわち，標本平均を計算する際の個体はその母集団から選ばれていて，選択された個体についてその量的特徴が測定される．そうして，これらの測定値の平均値が，母集団全体を代表する測度として用いられる．標本平均もまた，その値が標本個体の選択に依存するので，確率変数である．言い換えると，同じ母集団から選んだ，同じサイズの新しい標本は，異なった標本平均を導き出すことになる．**中心極限定理**はまた，標本平均の統計分布についての結論を引き出すのにも使われる（3.5.2節を参照）．

3・5・1　標本比率に対する中心極限定理

定理　ある大きな母集団に属する個体の p％がある特徴を示すとする．この母集団からサイズ n の標本がランダムに選ばれて，その特徴についての標本比率が

$$\hat{p} = \frac{標本中でその特徴を示す個体数}{標本中の個体の総数}$$

と求められる．そのとき，$\hat{p}$ は確率変数で，これがとる値は標本の選択に依存する．標本サイズ n が十分大きい（次のメモを参照）ときには，$\hat{p}$ の統計分布は近似的に，平均が $\mu_{\hat{p}} = p$，標準偏差が $\sigma_{\hat{p}} = \sqrt{\dfrac{p(1-p)}{n}}$ の正規分布である．

3 記述統計

> **メモ** 中心極限定理が保たれるためには，標本サイズ n をどの程度の大きさにすべきか？ それに対する答えは，その特徴の母集団での出現頻度に依存する。経験則として，標本サイズ n は，$np \geq 10$ と $n(1-p) \geq 10$ の両方の不等式が満たされるぐらい十分大きな数をとるべきである。そして標本がランダムに選択される母集団は，標本よりもはるかに大きいことが必要である。こうした条件は，ほとんどの生物学上の適用では満たすことができるだろう。

3●5●2 標本平均に対する中心極限定理

定理 ある特徴が母集団の中で，平均 μ と標準偏差 σ を持った統計分布（必ずしも正規分布でなくてよい）に従うとする。サイズ n の標本がその母集団からランダムに選ばれて，標本中の各個体ごとに量的な特徴が測定され，その測定値が $x_1, \cdots, x_n$ であるとする。これらの値の平均 $\bar{x} = \frac{x_1 + \cdots + x_n}{n}$ は，標本の選択に依存する値なので，1つの確率変数である。標本サイズ n が十分大きい（下記のメモを参照）ときには，標本平均 $\bar{x}$ の統計分布は近似的に平均値が $\mu_{\bar{x}} = \mu$，標準偏差が $\sigma_{\bar{x}} = \frac{\sigma}{\sqrt{n}}$ の正規分布である。

> **メモ** 中心極限定理が保たれるためには，標本サイズ n をどの程度の大きさにするべきか？ 標本平均の場合のその答えは，母集団の量的特徴が従う統計分布に依存する（図11を参照）。その分布が正規分布であるときには，中心極限定理は $n = 2$ 程度の標本サイズに対しても保たれる。母集団の特徴が従う分布が"正規分布"から外れていくにしたがって，中心極限定理が成立するための標本サイズ n は大きくなっていく。一般に，$n \geq 30$ 程度の標本サイズが，母集団の中でその特徴が従う統計分布にかかわらず十分といえる標本サイズと考えられている。

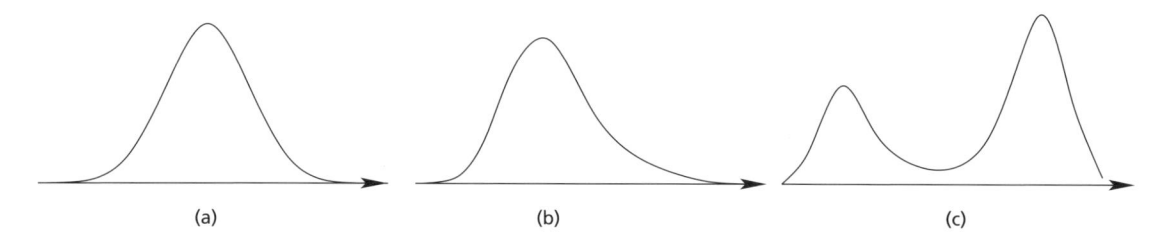

図11 ある量的特徴が母集団の中で正規分布に従う (a) のようなときには，中心極限定理は $n = 2$ 程度の標本サイズでも保たれる。量的特徴の従う統計分布が正規分布にほぼ近い (b) のようなときには，中心極限定理は $n \approx 5$ 程度の適度に小さい標本サイズでも保たれる。量的特徴の従う統計分布がきわめて"非正規分布"である (c) のようなときには，中心極限定理が保たれるには大きな標本サイズ（$n \approx 30$）が必要となる。

3·5 中心極限定理

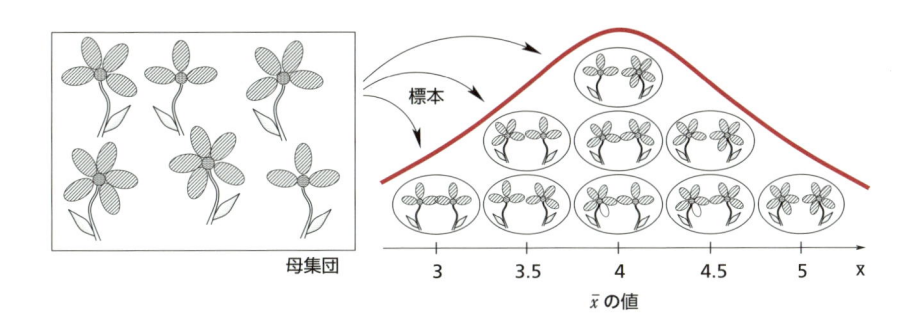

図12 中心極限定理の図解。

例3.13

中心極限定理は標本平均の統計的振舞いを表現している。この中心極限定理に基づく，振舞いの背後にある重要な意味をよりよく理解するため，図12に示したシナリオを考察するとしよう。ここで母集団は6株の植物から成っていて，これらの植物について測定される量的特徴は花弁の枚数である。この**母集団**の花弁の平均枚数は$\mu = 4$で，その標準偏差は$\sigma = 0.894$である。この母集団から，2株の花から成る標本がランダムに選ばれたとする（$n = 2$）。標本に選ばれた個体（花）に依存して，**標本**の花弁の平均枚数$\bar{x}$は3から5まで変化する。しかし，観測された花弁の平均枚数についての平均値$\mu_{\bar{x}}$は4に等しく，この値は母集団の中における花弁の真の平均枚数$\mu = 4$と同じ値である（すなわち，$\mu_{\bar{x}} = \mu$である）。標本中の花弁の平均枚数についての標準偏差は$\sigma_{\bar{x}} = \frac{\sigma}{\sqrt{n}} = \frac{0.894}{\sqrt{2}} = 0.632$になる。

実際の生物学の実験では，母集団は例3.13に与えられたものよりもはるかに大きく，たとえばシロイヌナズナという植物全体といった母集団である。そして実際の実験の標本サイズは，実験室内で研究者が測定値を得る植物の株数などである。それは例3.13で使用された標本サイズ（$n = 2$）と同程度のこともあれば，それより大きいこともあるだろう。そしてそこで研究される形質はおそらく，単なる花弁の枚数といったものよりも複雑なものだろう。その形質が数値的に表すことができる，たとえば遺伝子の発現量や，ある処置に対する植物の物理的反応などといった量的なものであるときには，中心極限定理を適用することが可能である。研究者は，標本に属する個体についての測定値を使って，シロイヌナズナ全体という母集団に関しての結論を引き出すことになる。ある標本統計量の振舞いを知ることが，それらを母集団へ一般化することを可能にするのである。

3・6
標準偏差と標準誤差の違い

よく混同される2つの量が、**標準偏差**と**標準誤差**である。これらの量は異なった現象を表現しており、したがって交換できない異なった量である。

標準偏差 ある母集団内での観測値の変動を表す。その母集団に含まれるすべての個体が、ある特徴に対し同様な値を示すならば、その母集団の中におけるこの特徴についての標準偏差 σ は小さい値をとる（3.2.2節を参照）。

標準誤差 標準誤差 $\sigma/\sqrt{n}$ は、標本平均統計量 $\bar{x}$ についての標準偏差である。サイズ n の標本が母集団から選び出され、その標本について平均値が計算されるとする。さらに、この過程が異なる標本について何度も繰り返されることにより、同一の量に関し多くの標本平均値が得られるとする。標準誤差は、標本の選択から生じる、真の母集団平均値周辺での標本平均値の変動を表している。標本サイズ n が大きくなるにしたがって、標本平均でもって母集団平均を表す精度が上がっていき、標準誤差は減少していく。

例 3.14

異なる食餌を与えたマウスの体重（単位 g）が、ここで興味のある変数であるとする。典型的な例では、高脂肪の食餌を与えたマウスは、低脂肪の食餌を与えたマウスよりも体重が重いだろう。しかし生物学的変動のため、個々のマウスの体重は（たとえ、同じ種類・同じ量の食餌が与えられたとしても）異なるだろう。高脂肪の食餌を与えたマウスの体重は、低脂肪の食餌を与えたマウスよりも、バラツキが大きいことが予想される。

高脂肪・低脂肪の食餌という両方の条件下で平均体重について精度の高い測定値を得るためには、両方のグループの標準誤差を同程度にするため、高脂肪の食餌を与えるマウスのほうが多く実験に含まれるようにするべきである。標準誤差は、実験で食餌を与えるグループ中において観測される平均体重同士の間に見られるバラツキを示しており、それは標本サイズと共に減少していく。

3・7
誤差バー

標本平均や標本比率のような、標本統計量の統計的振舞いについて中心極限定理が提供する情報を使えば、ある1つの標本から獲得した情報の信頼性についての結論を引き

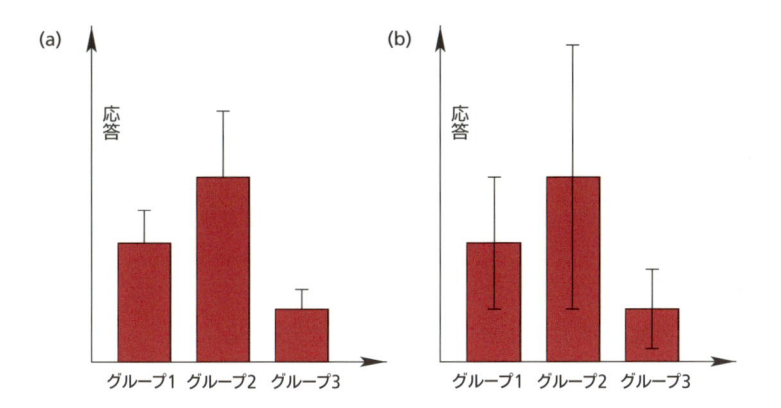

図13 ある実験で，1つの定量的な応答が3つのグループに対し測定されている。各グループにおいて，それぞれに属する4つの個体について測定値がとられ，それらの観測値について平均されているとする。このようにして得られた結果が，標準誤差を表す誤差バーを持った棒グラフ（a）および，標準偏差を表す誤差バーを持った棒グラフ（b）として表示されている。図（b）のほうが，それが標本サイズによらないので，より有益なグラフであり，観測値の間に見られる測定値の変動をより的確に表している。（b）の誤差バーは，（a）の誤差バーの2倍（なぜなら，$n=4$ で，$1/\sqrt{n}=1/2$ となるから）もの長さを持っている。

出すことができる。標本データから計算された統計量（標本平均，標本比率など）の値は，実際にどれぐらいうまく母集団の特徴を表しているのか？　誤差バーは，実験の中でのサンプリングによる変動を表し，異なった標本選択によって報告される値がどれぐらい変わり得るかを知らせるものである。

研究者は，この情報を知らせる方法を選択できる。2つの最もよく使われるバージョンが図13に描かれているが，これらは次のようなものである。

- **標準偏差**　この場合の誤差バーは**母集団の中**で推定される変動を表すものである。たとえこの量が特定の観測された標本から推定されたとしても，それは任意の標本サイズという一般的な場合に適用できる。誤差バーの長さは，観測値の標準偏差 s に等しくなる。
- **標準誤差**　この場合の誤差バーは**標本統計量の値の中**で推定される変動を表すものである。標本統計量の値の中における変動は，その実験で選ばれる標本のサイズに（強く！）依存する。もしその実験が異なった個数から成る観測値でもって繰り返されるとしたら，誤差バーはもはや直接比較可能なものにはならないだろう。誤差バーの長さは，標準誤差 $s/\sqrt{n}$ に等しい。

3•8 相関

ある実験で2つ以上の確率変数のデータ値が記録されたときには，それらの変数の間に関係があるかどうかを問いかけることがあるだろう．ある植物に関して，水の量はその高さに影響を及ぼすだろうか？ あるいは水の量よりも，光の量のほうが植物の高さに影響を及ぼすのだろうか？

相関 2つの確率変数の間の関係を表す統計学の測度である．相関は無次元量であって，変数がどんな単位で測定されるかによらない．次の式

$$r = \frac{1}{n-1} \sum_{i=1}^{n} \left(\frac{x_i - \bar{x}}{s_x} \right) \left(\frac{y_i - \bar{y}}{s_y} \right)$$

図14 相関係数は，2つの変数の間の線形関係についてその向きと強さを計量するものである．相関係数はそれらの変数が測定される単位にはよらない量で，したがってデータ点の間を補間する直線の傾きにはよらない量である．

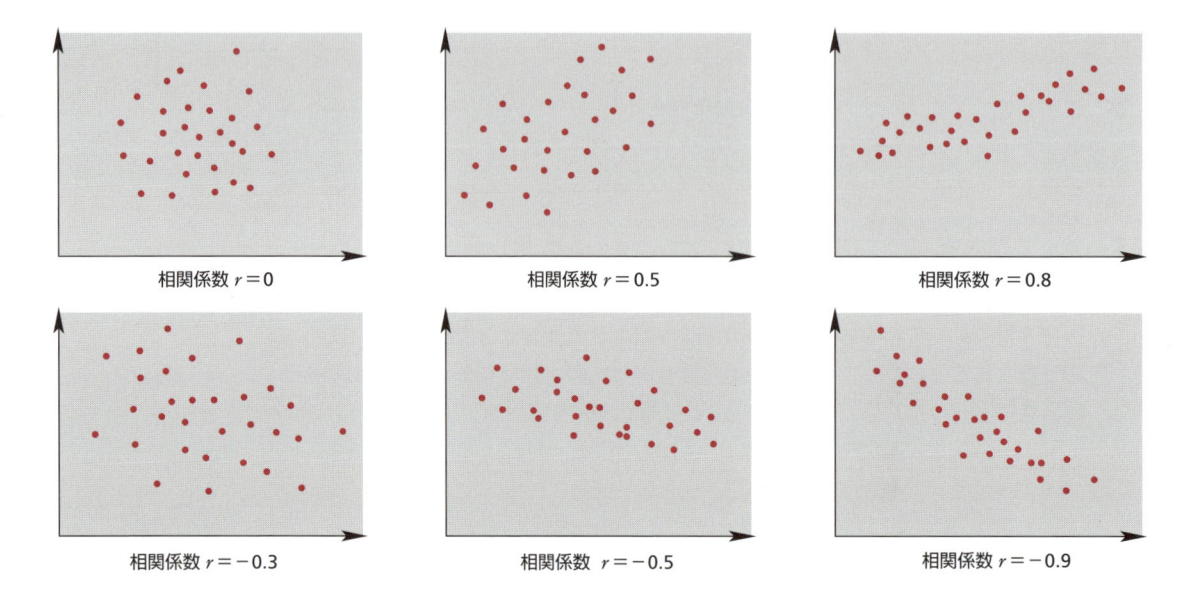

で計算される相関係数という量 r は，2つの変数の間の線形関係についてその強さと向きを計量するものである（図14を参照）．この r はまた，ピアソン（Pearson）の積率相関係数としても知られている．ここで (x_i, y_i) は，ある標本に属する n 個の個体について測定された2つの変数の観測値であり，それぞれの変数の標本平均が $\bar{x}$ と $\bar{y}$，標準偏差が s_x と s_y であるとする．r の符号は2つの変数の間の関連の向き（データ点の間のつながり具合の向き）を記述する．正の相関は，大きな x 値が（平均して）大きな y

相関係数 $r = 0$　　　相関係数 $r = 0.5$　　　相関係数 $r = 0.8$

相関係数 $r = -0.3$　　　相関係数 $r = -0.5$　　　相関係数 $r = -0.9$

値と関連していることを意味する。負の相関は，大きなx値が（平均して）小さなy値と関連していることを意味する。相関係数rの絶対値は，そうした関連の強さを表している。相関係数rが0に近い場合は弱い関連を表し，±1に近い場合は強い関連を表す。

> **エクセルを使うと** 　観測値の2つの集合$(x_1, ..., x_n)$と$(y_1, ..., y_n)$に対しピアソンの相関係数を計算するためには，これら2つの集合の観測値を，同一の個体についての観測値が同じ行にくるようにして2つの縦列に書き込む。任意の空のセルをクリックし，"=PEARSON(ARRAY1, ARRAY2)"と打ち込むか，"=CORREL(ARRAY1, ARRAY2)"と打ち込むかして，それぞれのデータ列を選択する。

> **メモ** 　相関係数は，2つの変数の間にある**線形な関係**を計量するだけである。2つの変数XとYは，線形でない何か他の関係に従う（たとえば，完全な二次曲線の関係にあって，あらゆる測定された対のデータ点に対し$y = -x^2$の関係が成立している）ことがあり得る。しかし，線形な関係ではない場合には，XとYの相関係数の値はこの関係を反映しない。
>
> 相関係数 $r = -0.0745$

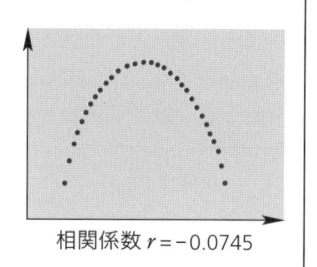

3・8・1　相関と因果関係

　しばしば，ある種の因果関係を証明することが実験の目的となる場合がある。副流煙が肺癌を引き起こすか？　ある肥料がトウモロコシの生産量を上げるか？　それらを明らかにするために，実験データが収集される（たとえば，いろいろな量の副流煙にさらされた人々が肺癌を発症したか否かについての観測値や，トウモロコシの作付けに使用された肥料の量とその収穫量など）。そして，推測される原因（副流煙，肥料）と効果（肺癌，収穫量）との間の相関が計算される。それら変数の間の関連が強いとき，因果関係の存在がしばしば結論される。しかしながら統計学的には，この結論が全く妥当でない可能性がある。というのは，変数の間に強い関連が生じることに対してはいくつかの理由があり，因果関係はそのうちの1つでしかないからである。

　2つの変数(X, Y)がある実験で研究されるとする。そして，3番目の変数Zについてはデータが収集されていないとする。標本を構成するいくつかの対象についてXとYを測定し，XとYの間にある（正か，負かの高い相関係数を持つ）関連を見出した。これは，高いXレベル値を持つ対象が，同時に高い（あるいは低い）Yレベル値を持つ傾

向にあることを意味している。このことはどのように説明できるだろうか？

因果関係 2つの変数の間に強い相関がある場合に可能な説明の1つが，因果関係の存在である。この場合，変数Xの高いレベル値が，変数Yのレベル値を高くする（あるいは低くする）。逆に，Yの高いレベル値がXのレベル値を高くする（あるいは低くする）のかもしれない。原因と効果の向きについては，統計学の相関からは確定することはできない。

共同応答 2つの変数XとYが共に3番目の変数Z（観測されていない）によって影響されているために，変数XとYの間に関連が見られる場合がある。このような場合，統計学者はZを"潜伏"変数と呼ぶ。

交絡（confounding） 観測されている変数Xが観測されていない変数Zと関連していて，そしてまたXとZが観測されている変数Yに影響を及ぼすとき，XとYの間に観測される相関のうちどれぐらいがXによって引き起こされていて，どれぐらいがZによって引き起こされているかを明らかにするのは不可能である。このような場合，Zは交絡変数と呼ばれる。

例3.15

患者の気分（X）と健康状態（Y）との間には関係があることが知られている（Valiant 1998）。楽天的な人のほうが抑鬱的な人に比べて，よい健康状態にあることが多い。ここで，よい気分がよい健康状態を直接導く（XがYの原因となる）のか，あるいはよくない健康状態が人をよくない気分に引き入れる傾向にある（YがXの原因となる）のか，ということは不確かである。

さらに，結婚関係のストレス（DeLongis et al. 1988）や運動習慣（Stewart et al. 2003）といったような他の要因が，気分と健康状態の両方に影響を及ぼしているかもしれないとも推測されてきた。たとえば，運動を増やすことがよりよい健康状態を導くことは長く知られてきたが，運動を増やすことは同時に人の気分を改善させる可能性もある。

運動習慣と気分の両方が，患者の健康状態に影響を及ぼしているかもしれない。研究対象の患者に対して，気分に加えて運動習慣についてのデータも収集しない限り，運動習慣と気分の交絡する効果を識別することは不可能だろう。しかし，たとえ両方の効果についてのデータが収集されたとしても，このことは，たとえば結婚関係のストレスのような，更なる交絡変数が存在する可能性を排除するものではない。

例3.16

ドイツの研究者が，ブランデンブルグ（ベルリン市を囲んだ地域）の中に巣を作っているコウノトリの数と，同じ地域における子どもの出生率との間に高い相関があること

を見出した（Sies 1998；Höfer et al. 2004）。1965年から1980年の間，コウノトリの巣が珍しくなっていたのと同時に，子どもの出生率も低くなっていた。このことは，T. Höferが上図で（ユーモア溢れる感覚で）問いかけるような，"コウノトリの理論"の証拠であるのだろうか？

　答えは「No」である。たとえこの地域で出生率とコウノトリの巣の数との間に統計学的な強い相関があったとしても，このことは，赤ん坊がコウノトリによって運ばれてくることの証拠ではない（著者はより普通の生物学に基づく説明のほうを選ぶ）。

　ここで観測された強い相関に対する別の説明は，環境という要因に求めることができる。町が都市化するに伴い，より多くの緑樹があり，開発の進んでいない地域へ野生動物は移動する。そして，幼い子どものいる家族も同じ方向へと移動していた。統計的には，こうしたことが"共同応答"となったのである。コウノトリの巣と子どもの出生率が両方とも，以前は田舎だった地域が都市化したような，環境という要因による影響を受けていたのである。

> **メ　モ**　データを収集するサンプリング法ではなく，統計解析法の選択が，相関から因果関係を結論できるか否かを決めると考えることは誤った考えである。その考えは正確ではない。潜伏変数や交絡変数の効果を排除するよう注意深く計画された実験だけが，因果関係を立証できるのである。このように，2つの変数の間に強い相関があるのを確認することは，因果関係を立証する上で必要条件であるが，十分条件ではない。

4 実験計画

4・1

数理モデルと統計モデル

数理モデルは，2つ以上の変数の間の関係を記述する方程式である。数理モデルは，これらの変数のうちで，ある1つ以外のすべての変数の値が既知であるとき，残る1つの変数の値が導き出されるという意味で**決定論的**である。

$$数理モデルの例：y = x^2$$

一方，**統計モデル**は決定論的ではない。統計モデルの中に含まれるいくつかの変数の値が既知であるときにも，その他の変数の値は正確に計算することはできず，これらの値は標本からの情報を使って推定される（図15を参照）。

予測変数（predictor variable）　ある変数の値が実験者によって決定できるとき，この変数は予測変数と呼ばれる（たとえば，植物の栽培実験における，生物体の型，光量，温度，水量など）。予測変数は，独立変数または説明変数と呼ばれることもある。

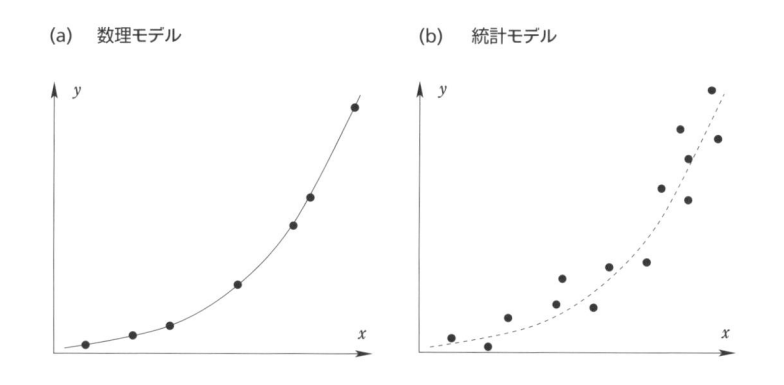

図15　観測値が(x, y)について与えられている。ここでは，予測変数をx，応答変数をyで表している。数理モデル(a)と統計モデル(b)のそれぞれの場合に対し，データを点列としてプロットした。

4 実験計画

応答変数（response variable） 実験で，予測変数のいろいろなレベル値に対する応答を調べるときに測定される変数が，応答変数と呼ばれる（たとえば，植物の栽培実験における，いろいろな条件の下での植物の高さ，すなわち生長力など）。応答変数は，従属変数または目的変数と呼ばれることもある。

例4.1

　ほとんどの実験では，いくつかの予測変数に関する情報と，1個ないし複数の応答変数に関する情報を収集する。植物の栽培実験においては，温度，土壌水分，光の状況などが予測変数になり得るだろう。そして，植物の高さや重量が，生長力を表す応答変数として測定され得るだろう。

　統計モデルは，予測変数xがとる各々の特定の値に対し，応答変数yがとる値の分布を記述する。観測され，記録された測定値は，その分布が外的な状況によって変化するかもしれない，確率変数の実現値としてとらえられる。

$$\text{統計モデルの例}: y = x^2 + \varepsilon, \quad \text{ただし } \varepsilon \sim \text{Normal}(0, 1)$$

ここで，この応答変数yは，予測変数xに依存した平均値x^2を持ち，分散$\sigma^2=1$の正規分布に従う確率変数として表される。

> **メモ** $\varepsilon \sim$ Normal(0,1) という表記は「確率変数εがパラメータとして平均値0，分散1を持つ正規分布に従う」ことを表す。通常，統計学者は"$\sim$"という記号を，変数の従う確率分布を表すのに使用する。その確率分布は名称（ここではNormal）で示されており，およびその分布のパラメータ値が示されている。

4・1・1　生物学モデル

　多くの生物学実験の目的は，外的な影響に対する生物の行動や反応を説明するモデルを構築することにある。その応答は，いろいろな光の状況下での植物の生長のようにシンプルであったり，細胞周期のように複雑であったりする。

　非常にシンプルな実験の場合であっても，予測変数と応答変数以外の要因が数多く存在し，必ずしもこれらのすべてについてデータが収集されるわけではない。たとえば植物の栽培実験では，すべての植物はそれぞれ違った個体であり，同じ刺激にも違った反応をする。実験条件（実験棚の位置，土壌など）を完全に同一の状況に保つことは不可能である。そしてたとえ実験条件を非常にうまく制御できたとしても，測定誤差や個体間の差異などによって導入される別の変動がなお存在する。このような理由から，予測

変数と応答変数との間の関係を記述するのに決定論的な数理モデルを使用することは，適当でない。その代わりに統計モデルが，それら変数間の関係を可能な限り正確に記述するために使われる。ただし同時に統計モデルでは，実験で直接観測されない要因によって引き起こされているかもしれないランダムな揺らぎを許容することになる。

4・2 変数間の関係の表し方

　統計モデルの目的は，変数の間の基本的な関係を理解することにある。ここで"基本的"であるとは，ある特定の動物（あなたの実験室のケージの中のマウス）や植物（あなたの実験室の植物）がどのように振舞うかを研究することに興味があるのではなく，むしろある系統のマウスや，ある特定の遺伝子型の植物に対して，一般的に有効な結論を引き出すことに興味があるという意味で"基本的"なのである。すべてのマウスやすべての植物からデータを収集することが実務的にも費用的にも実行できないので，標本をランダムに選択して研究を行う。そして標本から得られたデータは，ある条件下で，より広範な母集団に対して一般的に有効な統計モデルを選び出すのに使用される。

母集団　それについて結論を引き出したい生物（たとえば，マウス）や，個体の集合（たとえば，癌患者）。

標本　データがそこから収集される，母集団の中のある部分集合のことである。

　統計モデルでは，応答変数 Y は，予測変数 X の関数 $f(X)$ に，確率分布が知られている誤差項 ε を加え，

$$Y = f(X) + \varepsilon$$

のように表される。変数間の関数関係の性質が知られているときには，観測値はその統計モデルを"微調整"するのに使用される。その関数関係が知られていないときには，観測値であるデータによく適合する関数を見出すのに使用される。

　統計モデルにおける**適合**とは，予測変数 X を応答変数 Y に関係づける関数 $f(X)$ を選ぶことを意味する。この関数を選ぶ際には，可能な限りシンプルであること，実験の前後関係の中で生物学的に意味があること，予測変数の変化に対する応答として観測される変化をできる限り多く説明できること，これらの間で折り合いをつけることを達成しなければならない（図16を参照）。

4 実験計画

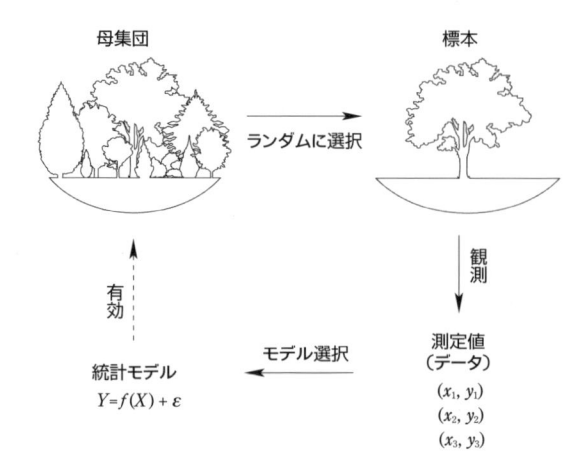

図16 統計モデルとは，ある標本から得られるデータに基づいたモデルの適合である。標本が母集団をよく代表するものであれば，その適合した統計モデルは一般に敷衍して有効であると仮定される。

> **メモ** 一般に統計学では，未知の確率変数を大文字で表記し，すでに得られている実験での観測値，すなわち測定値を小文字で表記する。統計モデルは（測定値だけでなく）一般的な母集団全体を表すものであり，普通は大文字を使って表記される。

予測変数 X と応答変数 Y が，ある線形関係にあるとする。すなわち，もし X が1単位量だけ増加すれば，Y が平均してある一定の量（必ずしもそっくりそのまま1単位量でなくてかまわない）だけ増加するとして，

$$Y = \beta_0 + \beta_1 X + \varepsilon$$

としよう。この場合，データはモデルパラメータ β_0（切片）と β_1（傾き）の最適値を求めるために使用される。

モデルパラメータ 一般に，応答変数 Y をモデル化するのに用いられる関数 $f(X)$ は1個ないし複数の**パラメータ**に依存する。線形関数である上述の例では，モデルパラメータは β_0 と β_1 である。母集団全体（標本ではない）に対しての，予測変数と応答変数の間の一般的な関係を記述するこれらのパラメータの値は，通常，知られていない。しかし，それらの値は標本から推定することができる。

モデルパラメータの推定値は**統計量**と呼ばれる。統計量の値は標本の選択に依存するから，統計量はそれ自身確率変数である。通常，モデルパラメータはギリシャ文字（α,

β, σ など）で表記され，そして，標本データから得られるそれらの推定値は対応するラテンアルファベット（a, b, s など）で表記される．

　予測変数と応答変数の間の関数関係が知られていないときには，観測値は，いくつかのあり得そうな候補モデルのうち，いずれが最適なモデルであるかを決めるのに使用される．たとえば，そうした候補モデルとして，

$$\text{モデル 1}: Y = \beta_0 + \beta_1 X + \varepsilon, \quad \text{モデル 2}: Y = \beta_0 + \beta_1 X^2 + \varepsilon$$

といったものが考えられる．いったんある適当なモデルが選ばれれば，同じ観測値データが，このモデルのパラメータの推定値を得るのに用いられる．

4・3 標本の選び方

　どんな条件下であれば，標本からの観測値が母集団全体に一般化できるモデルを導いてくれるのだろうか？　一般的な目標は，可能な限り多くの観点から母集団を表現する標本を選択することである．理論的には，標本が全くランダムに抽出されれば，この目標は成し遂げられるはずである．しかし，母集団に影響を及ぼしている要因は数多く存在するので，通常，技術的にはこれが実行できない．たとえば，植物は同じ区画で栽培されているものがよく選ばれ，すべての区画からランダムに選んだものではないことが多い．

ランダム標本　厳密にいえばランダムサンプリングとは，母集団を構成するあらゆる要素が同じ確率で標本として選ばれるようにして，母集団から1つの部分集合を抽出する方法を意味する．個々の個体は互いに独立に選ばれなければならない．厳密なランダムサンプリングが不可能ならば，その他のサンプリングの方法も存在するが，それらの方法を使用することによる影響を理解しておくことが重要である．

層別化標本（stratified sample）　母集団がある1つの観点に関して基本的に異なる部分母集団から成るときには，母集団を構成する個々の個体を，その観点によって異なった**層**ごとにまとめ上げることができる．その各層から標本がランダムに抽出される場合，それ以外のすべての観点においては母集団全体を可能な限り近似的に表すように抽出しなければならない．

マッチドサンプリング（matched sampling）　ある実験で2つの（あるいは，より多くの）異なったグループに分類できる個体を比べるつもりならば，分類された個体として，研究対象となる特徴に関しては異なるが，それ以外の特徴に関する観点では可能な限り同じになるように符合した個体を選ぶことがしばしばである．

4・3・1　サンプリングにおける問題：偏り

偏った標本とは，興味のある特徴を示す個体を系統的に過度に，あるいは不十分に代表する標本である．そのために，偏った標本は母集団を正しく反映しない．このような標本に基づく推定はいずれも系統的な推定誤差を導いたり，誤った結論を導く．

例 4.2

人の母集団で，ある病気の有病率を決めるために調査が実施されたとする．研究への参加者を病院患者からランダムに選ぶとすると，そこには選択の偏りが生ずることになるだろう．病気を持つ人は健康な人よりも（調査対象の病気や，他の病気のため）病院で治療を受けていることが多いと考えられるとすれば，病院にいる患者は健康な人よりもその病気に罹っていることが多いと考えられる．観測の対象を病院患者グループに限定しているため，その病気の有病率を系統的に過大評価することになるだろう．

過度な評価や不十分な評価の本質が理解されれば，選択における偏りは是正することができる．しかし，ほとんどの適用においてはこの情報は手に入れることができないので，実験を計画するときには用心が必要となる．

例 4.3

研究結果が統計的に有意である（すなわち，ある効果が存在すると結論される）場合の研究は，研究結果が統計的に有意でない場合に比べ，出版される可能性が大いに高いと噂されている．これは，有意でないという結果（すなわち，効果が存在しないことを根拠をもって確かめている研究）が科学界に対して等しく有用な知識を与えるという事実にもかかわらず，出版に偏りが存在することを示している．

例 4.4

マイクロアレイ実験では，RNA標本が赤色（Cy5）と緑色（Cy3）の蛍光色素を用いて標識される．色素の結合親和力は遺伝子によって異なることが知られている．遺伝子Aは遺伝子Bよりも赤色色素との結合性が高いと仮定する．このとき，処理RNA標本を赤色色素で標識し，対照RNA標本を緑色色素で標識し，それらを1つのマイクロアレイ上でハイブリダイゼーションするとするならば，遺伝子Aの発現比（処理 対 対照）は遺伝子Bよりもかなり高くなり得る．しかし，これだけでは処理が遺伝子Aの発現差異を引き起こしたと結論することはできない．2つの遺伝子A, Bに対する色素の結合親和力が違うために，発現差異が色素によって引き起こされた可能性もある．このようある問題を解決するため，多くのマイクロアレイ実験は色素を交換して実施される．2つ目のマイクロアレイとして，処理RNA標本が緑色色素で標識され，対照RNA標本が赤色色素で標識され，ハイブリダイゼーションが実施される．色素を交換して標識を

入れ替えた両方のマイクロアレイのデータを併せて考察してはじめて，処理の効果から色素の効果を分離することが可能となる。

4・3・2 サンプリングにおける問題：正確度と精度

推定値の正確度と精度は，標本の抽出法に依存する。**正確度（accuracy）**は偏りを反映する——偏りのない標本は最も高い正確度を持った標本である。**精度（precision）**は測定値の変動性を反映する（図17）。観測値それぞれからのすべての情報を統合した場合，この統合された情報はどれぐらいうまく母集団を反映するだろうか？ 観測された個体間の変動が大きければ，変動が小さい場合に比べて推定値の精度は低くなるだろう。

> **メ モ** 正確度に関する問題は，サンプリングの手法を調整して偏りのない標本を得ることによって，あるいは偏りの情報を（もし，それが得られるなら）統計モデルに組み込むことによって解決できる。精度に関する問題は，通常，標本サイズを大きくすることによって解決できる。適切な標本サイズを選ぶ方法に関する詳しい説明は，4.5節を参照。

多くの実験は，いくつかの原因からの変動を含んでおり，それゆえに偏りを含む。すべての変動が望ましくないものであるとは限らない。2つの処理条件の間に見られる変動はしばしば，実験で発見しようとする"効果"そのものである。しかし，変動のいろいろな原因を理解することは，望まれる変動（効果）を望ましくない変動（ノイズ）から分離できるようにする上で，きわめて重要である。

生物学的変動 この変動は，いろいろに異なった個体を標本として使用することにより持ち込まれる。生物学的変動は，意図したもの（処理グループと対照グループとの違

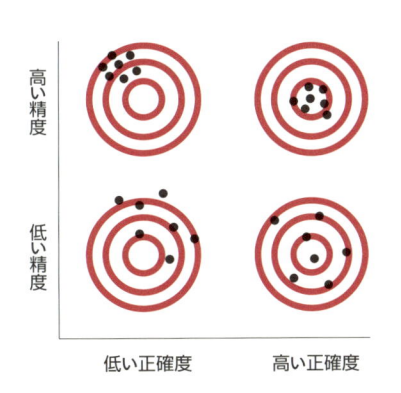

図17 標本データ（黒色の点）から，ある特徴（標的の中心）を計量するときの正確度と精度。

い）であったり，あるいは意図しないもの（同一処理グループ中の個体間の違い）であったりする．反復を行ってはじめて変動が評価できる．**生物学的反復**は，いろいろな個体から成る複数個の標本について，同じ方法を使い繰り返し分析する（同じ条件下で栽培，収穫，そして計量する）こととして定義される．

技術的変動　たとえ同じ試料が同じ原理の方法を使って分析されたとしても，試料調製および測定において生じ得るいろいろな誤差のため，結果が正確に同じであるとは期待できない．統計学ではこれを測定における技術的変動と呼んでいる．**技術的反復**はこの変動を評価するために行われる．技術的反復は，同一の生物学試料について同じ技法を使い繰り返し分析することとして定義される．

例 4.5

マイクロアレイ実験において，RNA が 2 種類のシロイヌナズナから抽出される．両方の種類からそれぞれ 2 つの個体が選択され，同じ条件下の各個体から同タイプの葉組織が採取されるとする（すなわち，種類 A から A_1，A_2 と，種類 B から B_1，B_2 が採取される）．実験では，それぞれの種類の 1 番目の個体から採取された組織試料 (A_1, B_1) が (A_1 赤色, B_1 緑色) と色素で標識され，1 つのマイクロアレイ上でハイブリダイゼーションされる．もしこの実験が，同じ標識と同じタイプのマイクロアレイを用いて，別の 2 つの個体から採取された組織試料 (A_2, B_2) について繰り返されるならば，それは生物学的反復を行ったことになる．同じ生物学試料 (A_1, B_1) が，異なる色素標識によって異なるマイクロアレイ上で再びハイブリダイゼーションされるといった色素交換の実施は，技術的反復を行ったことになる．

しかし，もし (A_1, B_1) 組織試料がそれぞれ赤色，緑色と標識され，(A_2, B_2) 組織試料が緑色，赤色と標識されたならば，この実験では生物学的変動，技術的変動のいずれの変動も評価できない．たとえ 2 つの観測値があっても，個体の違いを通して持ち込まれる変動を，技術的な面（この例の場合，色素による標識）を通して持ち込まれる変動から分離することは不可能である．

4・4 モデルの選び方

ある与えられた観測値の集合に対してどんな統計モデルが適当であるかは，収集されたデータのタイプに大きく依存する．通常，実験ごとに，1 個あるいはそれ以上の予測変数についての観測値と，1 個あるいはそれ以上の応答変数についての観測値とが収集される（4.1 節を参照）．これらの変数は，量的変数かカテゴリー変数かであるので（3.1 節を参照），予測変数と応答変数について，次の 4 つの組み合わせがあり得ることになる．

量的予測変数に対する量的応答変数

1個ないし数個の量的予測変数に対して，1つの量的応答変数をとる統計モデルは，**回帰モデル**と呼ばれる（7.1節を参照）。何個かの（ただし，全部ではない）予測変数がカテゴリー変数である場合でも，回帰モデルは適用できる。

量的予測変数に対するカテゴリー応答変数

1個ないし数個の量的予測変数に対して，2値のカテゴリー変数（たとえば，「はい」／「いいえ」,「死亡」／「生存」）をとる統計モデルは，**ロジスティック回帰モデル**と呼ばれる（7.3節を参照）。このモデルは，応答変数が2値より多い値をとり得る状況の場合の**多価ロジスティック回帰**に拡張できる。

カテゴリー予測変数に対する量的応答変数

1個ないし数個のカテゴリー予測変数で特徴づけられた，いくつかの母集団にわたる量的応答変数を比較するために用いられる統計モデルは，**分散分析（ANOVA）モデル**と呼ばれる（7.2節を参照）。

カテゴリー予測変数に対するカテゴリー応答変数

カテゴリー予測変数とカテゴリー応答変数についての観測値を記録するために用いられる統計学ツールは，**分割表**と呼ばれる（6.2.5節を参照）。分割表は，予測変数と応答変数の間の関係について結論を引き出すのに使用される。

4・5 標本サイズ

中心極限定理（3.5節を参照）によれば，サイズ n の標本に基づくある統計量の標準誤差は，標本サイズが増大するに伴い，$\sqrt{n}$ の因子でもって減少する。標本が大きければ大きいほど，より精密な推定値が得られる。では，ある効果が存在することを検出するためには，標本はどれぐらいの大きさであるべきだろうか？ その答えは個々の状況に極めて強く依存する。適当な標本サイズの選択に影響を及ぼすいくつかの論点がある。

- 効果の大きさ
- 有意水準
- 母集団中の変動性

効果の大きさ これは，対照グループと処理グループとの間にある，検出しようとしている差異である。たとえば，ビタミンC補給剤を毎日飲めば，風邪は早く治るのか？

4 実験計画

この場合の効果の大きさは，補給剤を飲んでいる場合と飲んでいない場合とでの，風邪の持続期間の平均の差であるといえるだろう。もしこの効果の差が小さい（たとえば，補給剤を飲んでいない場合には平均6日で，飲んでいる場合には平均5.79日であるような）ときには，差があることを高い統計的有意性でもって結論づけるには大きな標本を必要とすることになるだろう。効果の差が大きい（補給剤を飲んでいない場合には平均6日で，飲んでいる場合には平均3日に過ぎないような）ときには，そこに存在している効果を統計的に有意に見出すにはずっと小さな標本サイズで十分である。

有意水準　標本に基づいて行われる母集団に関する決定は，間違っている可能性が常にある。間違った結論を出す確率を小さく保つために，ある効果が有意であることを控えめに宣言せざるを得ない。ほとんどの場合，誤った決定をする確率は5％の閾値で制限される（もし他に適当な閾値があればそれを使うことができるし，使うべきである）。標本から引き出される結論が本当に正しいかについて，どれぐらいの確かさを望むかによって，標本サイズを調整する必要がある。より高い正確度を求めるような決定をするには，より大きな標本が要求されることになる。

母集団中の変動性　ある特徴（形質）の母集団中での変動性は，実験者によって影響されることはない。母集団中での確率分布が非常に狭い特徴（ほとんどすべてが同じ値をとり，その分散が非常に小さい）を測定しているときには，意味のある結論を引き出すのに必要とされるのは，ほんのわずかな観測値だけでよい。母集団中での変動が大きい特徴のときには，同じ有意水準で同等な結論を出すにはより大きな標本を必要とすることになる（図18を参照）。

正確な標本サイズの計算は，この節で言及した論点のほか，データの分布や，その実験で答えを得ようとデザインされた科学的問いかけにも依存する。標本サイズの計算に関するいくつかの例は，5章と6章に示している。

図18　処理グループ内の変動性（赤色の点列）と対照グループ内の変動性（白色の点列）が共に小さい（a）のような場合，グループ内の変動性が大きい場合よりも，定まった大きさの効果を検出するのは容易である。グループ内の変動性が共に大きい（b）のような場合，両方のグループを識別するためには標本サイズが大きいことが必要になる。

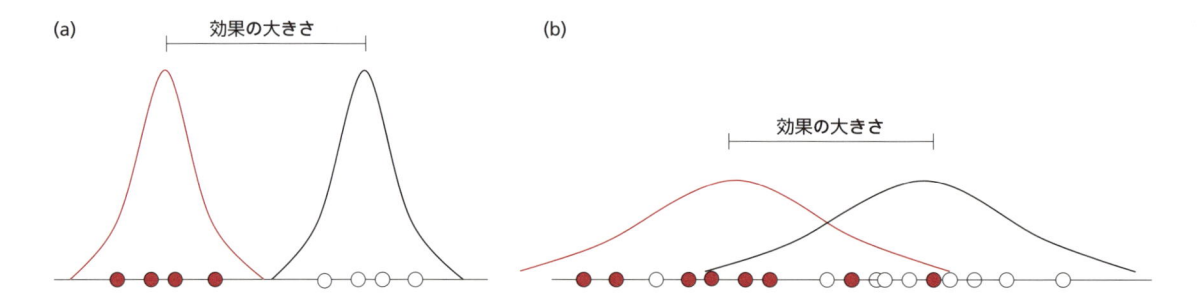

4・6
リサンプリングと反復

　本書では，反復が統計解析において重要であることをすでに論じてきた（4.3節を参照）。反復は，同じ実験環境下で観測値を多重に収集することを意味する。反復を含んだ研究では，変動の原因を識別したり，変動の大きさを見積ったり，そして統計モデルの中にその変動を組み込んだりすることが可能となる。反復を行うことにより，実験者は，研究している母集団の中に存在する変動を理解し，それを記述することが可能になる。

　リサンプリングという統計的手法は，根本的に反復とは異なっている。リサンプリングによって，標本に基づいて計算される統計量の振舞いをいっそうよく理解できる。リサンプリングでは，利用可能なサイズ n のデータ集合からデータ点がランダムに抽出され，そのデータの部分集合に基づいて統計モデルを適合する。その部分集合に属する観測値は，重複を伴って抽出されることもある。つまり，同一の観測値が2回以上抽出される可能性がある。この手順が多数回繰り返されるが，各回ごとに抽出されるデータ部分集合は違っている可能性がある。その場合，すべてのモデルパラメータに対し，各回ごとに違った推定値が得られることになる。リサンプリングにより，ただ1つだけのデータ集合に基づいて，モデルパラメータの振舞い（その統計分布）を研究することができる。

例4.6

　ハチドリの卵についてその平均幅を決めるため，ある研究が実施された。5個の卵がランダムに選ばれ，それらの幅（卵の最も広い部分の幅）が測定されている（単位mm）。

$$9.5 \quad 10.2 \quad 10.1 \quad 9.8 \quad 9.6$$

この単一の標本（標本平均値 $\bar{x}=9.84\,\mathrm{mm}$）に基づき，その母集団における卵の平均幅を推定することでいくつかの情報が得られる。

　しかしながら，この1つの標本値は，統計量（すなわち，"標本平均"）が確率変数としてどのように振る舞うかを教えてくれるものではない。統計量の分布について知るために，元のデータから（重複を伴った）リサンプリングを行い，同じサイズ（$n=5$）の多くのデータ集合を作成することができる。標本平均の振舞いを調べるために，リサンプリングされたそれぞれのデータ集合に基づいて"標本平均"の推定値を計算し，それからこれらの推定値の分布を考察する。たとえば，元々の5個のハチドリの卵の幅の観測値から，標本サイズ $n=5$ の1000回のリサンプリングで抽出された標本が次のものである。

4 実験計画

リサンプリングの標本	抽出された値					平均値
1	9.5	9.8	10.2	9.8	9.5	9.76
2	10.1	10.1	9.8	10.2	10.2	10.08
3	10.2	9.6	9.5	10.2	9.8	9.86
⋮	⋮	⋮	⋮	⋮	⋮	⋮
1000	9.8	9.6	9.6	10.1	10.1	9.84

　リサンプリングの各標本について平均値を計算する。その結果として得られる1000個の標本平均値についてのヒストグラム（図19）が，これらのデータの"標本平均"という統計量に関する分布を示している。結果として，ハチドリの卵の平均幅が推定できるだけでなく，この推定情報に確実さの度合いを付与することも可能になる。

　元のデータから重複を伴ったリサンプリングを行うことは，**ブートストラップ法**と呼ばれる統計手法のうちで最も簡単なバージョンである。ブートストラップ法の目的は，母集団から繰り返し標本を抽出することが不可能な場合に，単一の標本から（たとえば，標本平均値のような）推定値の性質を導き出すことにある。

図19　5個のオリジナルな観測値から，リサンプリングでランダム抽出された1000個のデータ部分集合に対して計算された，標本平均値に関するヒストグラム。

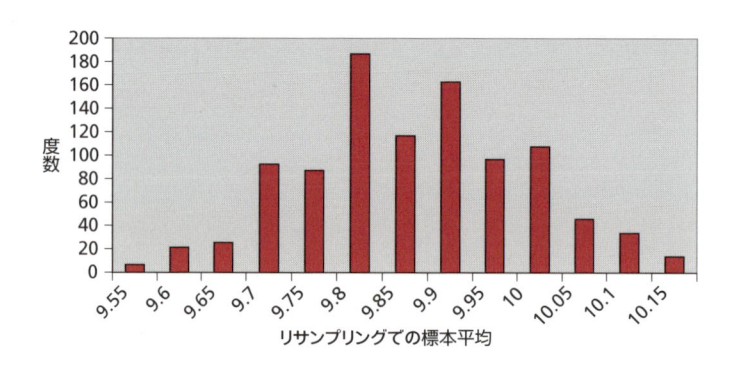

5 信頼区間

統計的推論とは，データから何らかの結論を引き出すことを意味する。信頼区間は統計的推論のために重要なものの1つである。一般には，研究したい母集団（たとえば，人間，ショウジョウバエ，シロイヌナズナなど）と，その母集団から抽出された標本とが存在する。その標本を使って，私たちは母集団のパラメータ（たとえば，ある薬剤への人間の平均的反応，ショウジョウバエの平均翅幅，遺伝マーカーを発現するシロイヌナズナの割合など）についてより多くのことを知ろうとする。

実験では，標本について測定値（薬剤への反応，翅幅，遺伝マーカーなど）が計量される。これらの測定値は通常，母集団パラメータを推定するのはもちろんのこと，その推定値の確実さを表す信頼区間を推定する統計量としても要約される。

復習 母集団パラメータは一般にギリシャ文字で（平均に対してはμ，標準偏差に対してはσで）表記される。対応する（標本データから計算される）統計量はラテンアルファベットで表記され，平均値に対しては$\bar{x}$，標準偏差に対してはsと表記される。

標本選択の違いによって，データから計算される統計量の値は変わることがある。統計的推論の目標は，データから計算される統計量の値から，母集団パラメータについての結論を引き出すことにある。ほとんどの統計量（たとえば，標本平均$\bar{x}$，標本標準偏差sなど）は，データから計算されるそれらの値が，真の，しかし未知である母集団パラメータ（たとえば，平均μ，標準偏差σなど）に近い値と期待されるがために利用される。しかしそれらはどれぐらい近いものなのだろうか？（図20）統計量がこの問いかけに答える手助けをしてくれる。標本統計量の振舞いを理解することは，ある統計量が真の母集団パラメータからどれぐらい離れていると期待されるかを，定量化できるようにしてくれる。

例 5.1

ある確率変数が未知の平均μを持ち，既知の標準偏差$\sigma = 2$を持った正規分布に従うことが分かっているとして，この変数に関しランダムなn個の観測値があると仮定する。実際の生物学での応用では，母集団分布や母集団標準偏差が知られていることは非

5 信頼区間

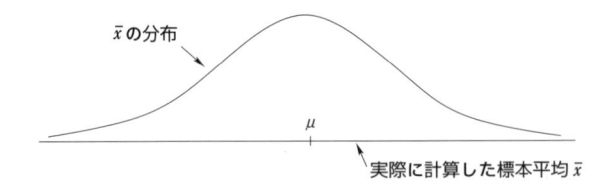

図20 ほとんどの標本において，標本平均$\bar{x}$の計算値は，真の未知の母集団平均μに近い（ただし，同一ではない）値となるだろう．統計量$\bar{x}$の振舞いは中心極限定理（3.5節を参照）で記述される．

常に稀である．そうした場合においても，信頼区間を計算するための別の方法が存在する（5.2節を参照）．しかしながら，ここでは信頼区間の背後にある考え方を説明するため，簡単化された例を示す．

中心極限定理によれば，n個の観測値についての標本平均$\bar{x}$は，平均μと標準偏差$\sigma/\sqrt{n}$を持った正規分布に従い，

$$\bar{x} \sim \mathrm{Normal}(\mu, \sigma^2/n)$$

である．この知識から，μから$\bar{x}$までの標準的な距離が計算できる．もちろん，$\bar{x}$のμからの距離は，μの$\bar{x}$からの距離と同じである．標本平均が，真の平均μから非常に遠い値をとることは稀なことである．標本平均に関するこの性質を使って，$\bar{x}$とμの間の標準化した距離Zが標準正規分布に従い，

$$Z = \frac{\bar{x} - \mu}{\sigma/\sqrt{n}} \sim \mathrm{Normal}(0, 1)$$

であると結論できる．そして，標準正規分布の性質を使って，Zの値が-1.96と1.96の間にある標準正規曲線下の面積が0.95，すなわち

$$P(-1.96 \leq Z \leq 1.96) = 0.95$$

であると決められる．上述の2つの式から，

$$P\left(-1.96 \leq \frac{\bar{x} - \mu}{\sigma/\sqrt{n}} \leq 1.96\right) = 0.95$$

が得られ，これにより母集団平均μに対する95%信頼区間CI_μは

$$\mathrm{CI}_\mu = \left[\bar{x} - 1.96\frac{\sigma}{\sqrt{n}}, \bar{x} + 1.96\frac{\sigma}{\sqrt{n}}\right]$$

と求められる．実際には，母集団分布と母集団標準偏差σが共に未知であるか，またはこれらのいずれか一方が未知であるときには，信頼区間はσの推定値を考慮に入れるように修正することができる．

母集団パラメータについて一般的な結論を引き出すためには，データに関して仮定をしなければならない。先の例では，データが正規分布し，その標準偏差 σ が既知であることが仮定されていた。その他の一般的な仮定は，標本のランダムな抽出と，大きな標本サイズである。データが引き出される母集団についての仮定が異なれば，信頼区間の求め方も異なってくる。

5•1 信頼区間の解釈

信頼区間の目的は，母集団パラメータの推定だけでなく，その推定の質をも知らせることにある。その意味で，信頼区間は，量的データのグラフ表示で典型的に使用される誤差バー（3.7節）と非常に類似したものである。しかしながら，信頼区間の解釈はちょっとだけ手が込んでいる。「信頼」ということばを「確率」と混同してはいけない。信頼水準（典型的な場合95％）は確率ではなく，むしろサンプリングの反復を念頭において理解されるべきである。ある任意の標本に基づいた信頼区間は，真の母集団パラメータを含むかもしれないし，含まないかもしれない。標本が繰り返し抽出され，95％信頼区間が抽出されたすべての標本について計算されるとすれば（図21），平均して，それらの計算された信頼区間のうち95％が真の母集団パラメータを含むことを意味する。

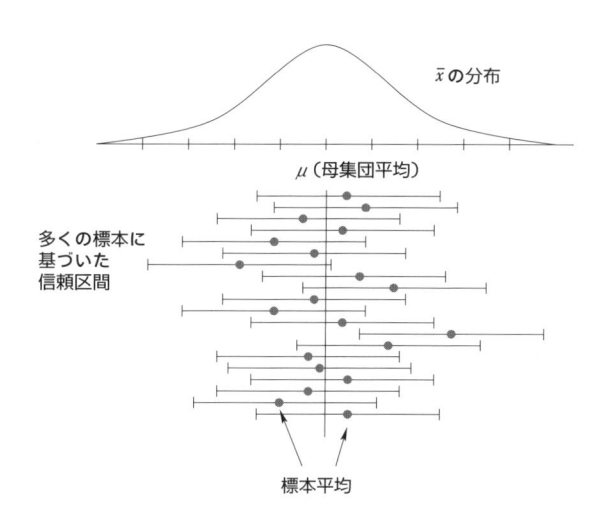

図21 ある特定の母集団パラメータ（ここでは，平均 μ）を推定するとき，信頼区間はその推定値はもちろんのこと，その不確実さをも知らせる。信頼水準は，その信頼区間が真の母集団パラメータを含む標本の割合を表す。

5 信頼区間

> **メ モ**　1つの標本データが収集され，その標本平均 $\bar{x}$ に基づいて，平均に対する95％信頼区間が計算されるとする。この信頼区間が95％の確率で真の母集団平均 μ を含むと結論したくなるが，それは間違っている。真の母集団平均は（未知であるが）ある1つの定まった数値であるから，それはどのような信頼区間でも0か1のいずれかの確率で含まれる。信頼水準（ここでは95％）は，繰り返されるサンプリングの過程について言及しているのである。

例5.2

　多くの避妊法はその"有効さ"によって宣伝される。たとえば，コンドームが98％有効であるとは，正確には何を意味するのか？　それは，もちろん，コンドームを使用したとき，ある女性が性交後に2％の妊娠をすることを意味するものではない。あなたのお母さんがたぶん話したように，ほんの僅かだけ妊娠するというようなことは有り得ない！　あなたは妊娠しているか，妊娠していないか，そのどちらかである。実際，コンドーム製造業者のウェブサイト上の注意書きを読むと，有効さの定義を見出すことができるだろう。すべてのカップルが1年当たり平均して83回の性交をもち，毎回正しくコンドームを使用しているとする。そのような100組のカップルのうち，平均すると2人の女性がその年の間に妊娠することになるだろう。

　これが信頼区間とどう関係しているのだろうか？　信頼区間に関していえば，98％の有効さの比率（信頼水準）は，ある個人（標本）に言及したものではない。パートナーが正しくコンドームを使用したとすると，彼女の性交ごとの妊娠の機会は0（妊娠しない）か，1（妊娠する）か，いずれか一方である。1つの標本に基づく信頼区間は，

真の母集団パラメータを含むか，含まないかのいずれかである。有効さの比率，すなわち信頼水準は，多くのカップル，すなわち多くの標本についての確率として解釈しなければならない。しかしながら，ほとんどの実際の適用では，ただ1つの標本のみが収集され，観測される。したがって，もしあなたが昨年83回の性交をもち，毎回正しくコンドームを使用していた女性である（そしてその年の間，身体の急激な変化にとくに注意を払っていない）とすれば，その年の終りに妊娠していないと98％確信できるわけである。

5・1・1　信頼水準

　ほとんどの信頼区間は95％の信頼水準で計算される。これが意味することは，標本が繰り返し抽出されるとき，それらの標本に基づいて求められる信頼区間のうち，その95％が母集団パラメータを含むということである。しかしながら，0.95という値については何か特別な意味があるわけではなく，理論的には，信頼区間は0と1の間の任意の信頼水準において計算できる。実際には，典型的な信頼水準は80％から99％の間で選ばれる。一般に，信頼水準は$1-\alpha$と表記される。たとえば，95％信頼水準の場合は$\alpha=0.05$である。この表記法は，仮説検定法における有意水準α（第6章を参照）と直接的な関係がある。

　一般に，信頼水準を高くすればするほど信頼区間は広くなり，そして信頼水準を低くすればするほど，信頼区間は狭くなっていく。信頼区間の幅は常に

$$2 \times (臨界値) \times (標準誤差)$$

のように表すことができる。ここで，標準誤差は，母集団パラメータを推定するのに使用される統計量についての標準偏差（たとえば，$\bar{x}$に対する標準誤差が$\sigma/\sqrt{n}$）であり，臨界値は，統計量の確率分布，信頼水準の両方に依存する数値である。

臨界値　実は，臨界値は，正の臨界値と負の臨界値との間で確率分布曲線下にある面積が，望んだ信頼水準に等しいときのx軸上の値である（図22を参照）。

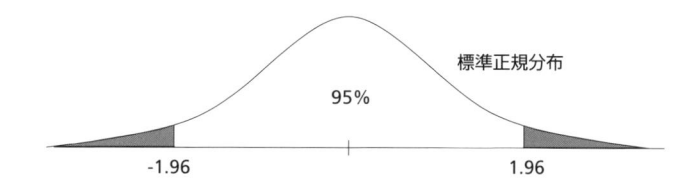

図22　臨界値は，統計量の確率分布と，信頼区間の信頼水準とに依存する。それは，正の臨界値と負の臨界値との間で分布曲線下にある面積が信頼水準に等しいとしたときの，x軸上の数値である。

5 信頼区間

表1 いくつかの標本サイズ n の t 分布と，正規分布に対してよく使用される臨界値。

確率分布	信頼水準		
	90%	95%	99%
正規分布	1.64	1.96	2.58
t 分布，$n=5$	2.13	2.78	4.60
t 分布，$n=10$	1.83	2.26	3.25
t 分布，$n=20$	1.73	2.09	2.86
t 分布，$n=50$	1.68	2.01	2.68

> **エクセルを使うと** 臨界値は，統計量の確率分布と，信頼水準 $1-\alpha$ とに依存する。正規分布の場合には，その臨界値を計算するのに
> $$z_{\alpha/2} = \text{NORMSINV}(1-\alpha/2)$$
> を使う。t 分布の場合には
> $$t_{\alpha/2, n-1} = \text{TINV}(\alpha, n-1)$$
> を使う。ただし，n は，信頼区間が計算される観測値の個数である。

　最も一般的に使用される信頼水準は90%，95%，99%などである。いくつかの標本サイズに対する t 分布と，正規分布の臨界値が表1に示されている。その他のすべての臨界値は，上述のコマンドを使いエクセルで計算できる。

5・1・2　精度

　95%信頼区間と，99%信頼区間のどちらがより良いか？　その答えはどれぐらいの精度が要求されるかによる。信頼水準 $1-\alpha$ が高くなればなるほど信頼区間は広くなる(精度は劣っていく)。

　精度　これは信頼区間の幅に対応する。高い信頼水準を非常に狭い信頼区間で実現することが究極の目標である。

　信頼区間の幅に影響を及ぼすいくつかの要因がある。それら要因の値は通常，信頼度(高い信頼度が好ましい)と精度(高い精度が好ましい)の間にある，トレードオフ(両立しない)関係の折り合いをつけるように選択される。

- 信頼水準：信頼水準 $1-\alpha$ を大きくすることは，α が減少するに伴い $z_{\alpha/2}$ と $t_{\alpha/2, n-1}$ は両方とも大きくなるので，信頼区間を広くすることを意味する。

- 標本サイズ：より大きな標本サイズ n はその標本誤差を減らし，そうして信頼区間を狭くしていく。注意すべきは，信頼水準を定まった固定値に保つときには，標本サイズを増大させることが，より高い精度を得るための唯一の方法であるということである。
- 観測される変数の変動性を表す標準偏差 σ は，通常，実験者によって影響されることはないが，信頼区間の幅には影響を与える。高い変動性を持つ測定値は，より広い（精度の劣る）信頼区間を生ずる。

5・2 信頼区間の計算

理論的には，パラメータを推定する統計量が存在し，その統計量の統計的振舞いが知られている限りは，どのようなタイプの母集団パラメータに対しても信頼区間は計算できる。実際に最もよく使われるのは，断然，母集団平均や母集団比率に対する信頼区間である。話を簡単にするため，ここではこれらのタイプの信頼区間のみを取り上げることにする。

5・2・1 大標本の標本平均に対する信頼区間

標本が母集団からランダムに抽出され，その標本サイズが大きい（$n \geq 30$）ときには，その標本平均 $\bar{x}$ は，母集団分布が何かにかかわらず，ほぼ近似的に正規分布に従う。さらにその標本サイズが非常に大きい（$n \geq 40$）場合には，$\bar{x}$ の従うその近似的な正規分布を変えずに，母集団標準偏差 σ を標本標準偏差 s で置き換えることが可能となる。

信頼区間　母集団平均 μ に対する $(1-\alpha) \times 100\%$ 信頼区間 CI_μ は

$$\mathrm{CI}_\mu = \left[\bar{x} - z_{\alpha/2} \frac{s}{\sqrt{n}}, \bar{x} + z_{\alpha/2} \frac{s}{\sqrt{n}} \right]$$

と求められる。ここで，$\bar{x}$ は標本平均値，s は標本標準偏差，n は標本サイズ，そして $z_{\alpha/2}$ は正規分布に対する適当な臨界値である（5.1.1 節を参照）。

そのための仮定条件　上述の信頼区間の式が有効であるためには，次の仮定条件が満たされていなければならない。
- 標本が母集団からランダムに抽出される（偏りがない）。
- 標本が非常に大きい（$n \geq 40$）。

例 5.3

紅麹米（red yeast rice）は，中国で何百年もの間，料理や食料保存剤として使用されてきた。これは，コレステロールを低下させる薬剤の中に見出される物質と同じものを少量含んでいる。研究者は，紅麹米の（濃縮カプセルでの）経口摂取が，研究対象者の総LDLコレステロールレベルに有意な効果を及ぼすかどうかを研究するための試験を実施した。研究対象として，血中コレステロールレベルのやや高い52人の患者が選ばれた。それらの患者は，（紅麹米カプセルの他には）コレステロールを低下させるいずれの薬物療法も受けなかった。15週間にわたる紅麹米カプセルの摂取後，52人の対象者の平均LDLコレステロールレベルは，0.63ポイント（標準偏差0.4ポイント）低下したことが観測された。

こうした情報から，15週間にわたる紅麹米の補給剤摂取後における，LDLコレステロールの平均低下に対する95％信頼区間の計算が可能であり，その信頼区間は

$$\left[0.63 - 1.96 \times \frac{0.4}{\sqrt{52}},\ 0.63 + 1.96 \times \frac{0.4}{\sqrt{52}}\right] = [0.521, 0.739]$$

となる。つまり，紅麹米の15週間にわたる摂取が，コレステロールレベルを平均して0.521と0.739の間のポイントだけ低下させることを，信頼水準95％で確信できる。

5・2・2 小標本の標本平均に対する信頼区間

比較的小さめの標本（$n < 40$）が正規分布の母集団から抽出されるとする。その母集団標準偏差 σ は一般に未知であり，したがって標本標準偏差 s から推定する必要がある。こうした場合には，次の量

$$t = \frac{\bar{x} - \mu}{s/\sqrt{n}} \sim t(df = n - 1)$$

はもはや正規分布に従わない。σ についての推定から生ずる追加的な不確実さが，その正規母集団分布を，自由度 $n-1$ を持ったスチューデント t 分布に変える。この t 分布の形は非常に正規分布に類似しているが，尾部がやや厚くなっている。平均値と標準偏差が正規分布の正確な形状を決める（3.4.2節を参照）のと同様，自由度の数（df）が t 分布の正確な形状を決める。無限自由度（$df = \infty$）の場合，t 分布は標準正規分布に一致する。

先の大標本の場合と同様に，母集団平均 μ に対する信頼区間は，推定可能な成分のみから計算できる。μ に対する $(1-\alpha) \times 100\%$ の信頼区間は

$$\mathrm{CI}_\mu = \left[\bar{x} - t_{\alpha/2,\, n-1} \frac{s}{\sqrt{n}},\ \bar{x} + t_{\alpha/2,\, n-1} \frac{s}{\sqrt{n}}\right]$$

で求められる。ここで，$\bar{x}$は標本平均値，sは標本標準偏差，nは標本サイズ，そして$t_{\alpha/2, n-1}$は自由度$n-1$に対応するt分布の分位数（臨界値）である（この分位数は5.1.1節に示したように計算される）。

そのための仮定条件
- 母集団は標本よりもずっと大きくなければならない（生命科学ではこのことが問題となることは稀である）。
- 標本は母集団からランダムに抽出されなければならない（偏りがない）。
- 観測値は互いに独立に抽出されなければならない。
- 測定される特徴の振舞いがその母集団の中で（ほぼ近似的に）正規分布に従わなければならない。この仮定条件は，3.4.3節で説明した正規性をチェックするための手順によって確かめることができる。

例5.4

閉経後の女性における白血球数の異常増大は，乳癌の初期の警告徴候である可能性がある。ある研究で，ごく最近乳癌の診断を受けたが，まだ何の治療も始めていない6人の閉経後の女性に対して白血球（WBC）数が計測されて，

$$\text{WBC数：} \quad 5 \quad 9 \quad 8 \quad 9 \quad 7 \quad 9$$

であった。乳癌を患った閉経後の女性の母集団における，平均白血球カウントに対する95％信頼区間は

$$\text{CI}_\mu = \left[\bar{x} - t_{0.05/2, 6-1} \frac{s}{\sqrt{6}}, \bar{x} + t_{0.05/2, 6-1} \frac{s}{\sqrt{6}} \right]$$

$$= \left[7.833 - 2.57 \times \frac{1.602}{\sqrt{6}}, 7.833 + 2.57 \times \frac{1.602}{\sqrt{6}} \right] = [6.152, 9.514]$$

となる。正常なWBC数の上限はおおよそ7である。この研究では，閉経後の乳癌患者に対する母集団平均が（信頼水準95％で）6.152と9.514の間にあることが見出されている。これは，乳癌患者グループの平均が正常グループの平均（ここでは，比較対象の健常者グループが設定されていないが）よりも明らかに高いと結論づけるのに十分な証拠とはいえない。また，求めた信頼区間が7 WBC数の値を含んでいるので，乳癌患者グループの平均が明らかにその7 WBC数より高いと結論づけるのにも十分な証拠がない。

明確な結果を得るため，研究者はこの研究においては標本サイズを大きくすることができた。こうすると，分母の項の$\sqrt{n}$を大きくして，信頼区間を狭くすることができるだろう。またそれとは別の方法として，対照グループとして健常な女性グループからWBC数の測定値を得て，乳癌患者と健常者の2つの女性グループについて信頼区間を

比較することもできる。

　この上の例で実際に行われたことは，実験者は単に，非常に高いWBC数と非常に低いWBC数にだけ注目した。まずは健常者と乳癌患者の両方のグループからWBC数を得て，次にWBC数の非常に低いグループと，WBC数の非常に高いグループにおける乳癌患者の比率を比較したのである。実験者は，WBC数の非常に高いグループにおける乳癌患者の比率のほうが，WBC数の非常に低いグループにおけるそれよりも有意に高いことを見出した。比率に対する信頼区間を計算する方法を知るために，5.2.3節に読み進んでいこう。

5.2.3　母集団比率に対する信頼区間

　興味を持つ応答変数が量的変数でなく，カテゴリー変数であるという状況を考えるとしよう。注目するのは，母集団の中で，あるカテゴリーに分類される個体の**パーセンテージ**（百分率）である。（例：WBC数の非常に高い閉経後の女性の母集団における，乳癌患者のパーセンテージ）。
　我々は母集団全体は測定できないが，その代わり，標本サイズ n の標本を抽出することができ，そしてその標本の中で興味ある特徴を示す個体数を数えることができる。ここで，（観測できない）母集団比率を p と表示し，対応する（測定できる）標本比率を $\hat{p}$ と表示する。標本比率 $\hat{p}$ は

$$\hat{p} = \frac{\text{標本中でその特徴を示す個体数}}{\text{標本サイズ}}$$

のように計算される。そのとき，信頼水準 $(1-\alpha) \times 100\%$ での母集団比率 p に対する信頼区間は

$$\left[\hat{p} - z_{\alpha/2}\sqrt{\frac{\hat{p}(1-\hat{p})}{n}}, \hat{p} + z_{\alpha/2}\sqrt{\frac{\hat{p}(1-\hat{p})}{n}} \right]$$

である。ここで，$z_{\alpha/2}$ は標準正規分布の相当する臨界値である（この臨界値は5.1.1節に示したように計算される）。

そのための仮定条件　上述の信頼区間の式が有効であるためには，次の仮定条件が満たされていなければならない。
- 標本は，その標本よりもずっと大きい母集団から，ランダムに，そして独立に抽出されていなければならない。
- 近似が有効であるためには，標本サイズは適度に大きくなければならない。経験則として，標本がその特徴を持った個体を少なくとも10個含み，かつその特徴を

持たない個体を少なくとも10個含んでいれば，この標本は大きいと考えられる．

例 5.5

BRCA1 は，乳癌に関連する遺伝子である．研究者は，乳癌の家族歴を持つ169人の女性の中から *BRCA1* 突然変異体を捜し出すため，DNA分析を行った．分析された169人の女性のうち，27人が *BRCA1* 突然変異を持っていた．ここで，乳癌の家族歴を持つ1人の女性が *BRCA1* 突然変異を持つ確率を p とする．この p に対する95％信頼区間を求めよう．

標本比率の推定値は $\hat{p} = 27/169 = 0.1598$ である．この $\hat{p}$ に対する標準誤差は

$$\sqrt{\frac{\hat{p}(1-\hat{p})}{n}} = \sqrt{\frac{0.1598(1-0.1598)}{169}} = 0.02819$$ である．そこで，信頼水準95％での母集団比率 p に対する信頼区間は

$$[0.1598 - 1.96 \times 0.02819, \ 0.1598 + 1.96 \times 0.02819] = [0.105, 0.215]$$

となる．つまり，母集団比率 p が10.5％と21.5％の間にあることを，信頼水準95％で確信できる．

5・3 標本サイズの計算

研究において，意図した目的を達成するのに必要な十分な精度を得るためには，標本はどれぐらいの大きさであるべきだろうか？ 一般に，信頼水準は大きな値であればあるほど信頼区間は広くなり，そして標本サイズが大きくなればなるほど信頼区間は狭くなる．しばしば研究において，特定の信頼水準に対する特定の幅の信頼区間を得るのに標本サイズがどれぐらいの大きさであるべきか，を計算することが可能である．

母集団比率 p に対する信頼区間の幅 l は， $l = 2 \times z_{\alpha/2} \sqrt{\frac{\hat{p}(1-\hat{p})}{n}}$ である．信頼水準を指定することにより $z_{\alpha/2}$ が定まる．信頼区間の幅 l を指定することにより，標本サイズ n に対して上の方程式を解くことができるようになり，求める標本サイズ n は

$$n = \left(\frac{2z_{\alpha/2}}{l}\right)^2 \hat{p}(1-\hat{p})$$

と得られる．母集団比率に対する推定値が（研究の開始前に）利用できるときには，その推定値を $\hat{p}$ の代わりに利用できる．なお，推定値が利用できないときには， $p(1-p) \leq \frac{1}{4}$ という事実を利用して，最小限の標本サイズ n を

5 信頼区間

$$n \approx \left(\frac{z_{\alpha/2}}{l}\right)^2$$

と選ぶことができよう。

例 5.6

米国全体という母集団における左利きの人のパーセンテージを推定するため，ある研究を実施したいとしよう．ここでは，左利きに関する予備的なデータがないと仮定する．そして，左利きの人の真の母集団比率 p を1パーセンテージポイントの範囲内で推定するような（すなわち，p に対する信頼区間の幅が0.02を超えるべきでない），95％信頼区間を算出したいとする．そのための研究にはどれぐらいの人数の対象者が含まれるべきか？

ここで，我々は $2 \times z_{\alpha/2} \sqrt{\frac{\hat{p}(1-\hat{p})}{n}} \leq 0.02$ となる n の値を求めようとしている．ここでは予備的な研究から得られる $\hat{p}$ に関する情報は何も持っていないため，次のような近似値

$$n \approx \left(\frac{z_{\alpha/2}}{l}\right)^2 = \left(\frac{1.96}{0.02}\right)^2 = 9604$$

を用いなければならない．すなわち，この研究には9604人の対象者が含まれるべきである．もしこれほど多くの研究対象者を含める余裕がないならば，信頼水準をより緩やかにする（"低い信頼水準" = "少ない対象者数"）か，区間推定をどれぐらいの狭さにしたいかという要望をより緩やかにする（"広い信頼区間の幅" = "少ない対象者数"）か，そのどちらかの点で寛大にならなければならない．

6 仮説検定

6・1

基本的な原理

仮説検定は，統計的決定をするための重要な方法の1つである．仮説検定の目的は，標本からのデータを利用して，母集団パラメータについての情報を検討することにある．言い換えれば，データを使って特定の問いかけに答えたいということである．検討されるべき情報は，2つの相反する命題，帰無仮説と対立仮説，という宣言文形式で表される．

帰無仮説 普通は H_0 と表示され，母集団パラメータについての情報である．これは常に，等式として定式化されなければならない．生命科学の場合，帰無仮説は通常，あまりわくわくしない結果を表す（すなわち，何も興味あることが起こらない）．こうした帰無仮説の例として，

- 処理がどんな効果も持たない，すなわち $\text{effect}_{処理} = 0$．
- 遺伝子に発現の差異がない，すなわち $e_{処理} = e_{対照}$．

といったものがある．

対立仮説 普通は H_a と表示され，帰無仮説と正反対の仮説である．これは通常，実際には真ではないかと研究者が推測している命題である．対立仮説は，片側形式（<か>），両側形式（≠）で表される．

例 6.1

ある生物学者が，理想的にコントロールされた対照条件下で育てられたトマトと比べて，軽度の乾燥がトマトの平均の高さに及ぼす効果があるかどうかを研究したいとする．乾燥条件下で育てられるトマトのほうが，対照条件下でのトマトよりも短く生長す

ると推測する。この場合，帰無仮説は

$$H_0 : \mu_{乾燥} = \mu_{対照}$$

であり，そして片側形式の対立仮説は

$$H_a : \mu_{乾燥} < \mu_{対照}$$

である。ここでは，トマトの母集団の平均の高さがμと表されている。

例 6.2

マイクロアレイ実験において，ある遺伝子の発現量の差異が，処理条件下と対照条件下での遺伝子の平均発現量を考察することにより調べられた。この場合の帰無仮説は，発現量が両方の条件下で（平均して）同じである，すなわち，

$$H_0 : \mu_{処理} = \mu_{対照}$$

である。その遺伝子発現が誘導制御されているか，抑制制御されているかどうかについて事前の情報がないと仮定すると，対立仮説は両側形式で，次の不等式

$$H_a : \mu_{処理} \neq \mu_{対照}$$

のように表される。もちろん，マイクロアレイ技術で測定される2つの遺伝子発現強度が正確に同じであるとは期待できない。この仮説検定手続きの目的は，データ中で観測される変動が帰無仮説と矛盾がない（すなわち，ランダムさで説明がつく）かどうか，あるいはデータ中の情報が対立仮説のほうを支持するかどうか，そのいずれであるかを決定することにある。この決定をするために統計学では，検定統計量関数と呼ぶものを利用する。

検定統計量 その関数値が標本データから算出でき，帰無仮説が真のときにその理論的な振舞い（分布）が分かっているような関数が，検定統計量として使用できる。よく使う検定統計量関数の一覧を6.2節に示した。検定統計量関数の分布，すなわち振舞いを知ることにより，ランダムな状況下ではどんな関数値がありそうで，どんな関数値がありそうでないのか，が決められるようになる。ランダムな状況下では（すなわち，帰無仮説が真であるとしたときに）滅多にありそうにない検定統計量の値を観測した場合には，帰無仮説に**反する**証拠を観測したことになる。この場合，統計学者は"帰無仮説を**棄却**し，対立仮説を採択する"という。

> **メモ** 帰無仮説（ランダムさを仮定）を棄却して，対立仮説（データ中に規則性を仮定）を採択することは可能である。しかしながら，決してランダムさを"受諾"することはできない。それは，ただ単に精査が足りないこと（十分なデータを収集しないこと）により，規則性がランダムに見えているかもしれないことが考えられるからである。したがって，対立仮説を支持する十分な証拠がないときには，帰無仮説を"棄却できない"という。

検定統計量関数には多くのものがある。それぞれの検定統計量関数は，特定の実験条件の集合のため，および特定の問いかけのために展開されたものである。帰無仮説がいくつのグループについての平均値（または比率）に基づいているかによって，異なった検定統計量関数が適当になる。6.2節でそれぞれの仮説検定法について詳しく解説するが，あらゆる仮説検定が5つの共通のステップに従って行われることを理解しておくことは重要である。

仮説検定の5つのステップ
1. 有意水準 α を決定する（6.1.4節を参照）。
2. 帰無仮説と対立仮説を定式化する。
3. 適当な検定統計量を選ぶ（6.2節を参照）。
   (a) 帰無仮説 H_0 の下における検定統計量の分布を知る（よく使われる検定法は，どんな分布を使用すべきか分かっている）。
   (b) データから，検定統計量がとる値を計算する。
4. 実施している検定に対する p 値を計算して，有意水準 α と比較する（6.1.1節を参照）。
5. 論文として報告できるような結論文を作成する。

6・1・1 p 値

p 値 仮説検定の結論といっしょにしばしば報告される数値が p 値である。p 値は，帰無仮説が真であるとしたとき，得られたデータが偶然帰無仮説に適合しないものであるような確率である。

図23は，3つの対立仮説をとり得る帰無仮説の下での，検定統計量の分布曲線を示している。p 値は，帰無仮説の分布曲線の下にあって，観測された検定統計量の値から始まって対立仮説の方向へ伸びている部分の面積である。対立仮説が片側形式ならば，p 値は分布曲線下でその片側にある尾部の面積である。対立仮説が両側形式ならば，p 値は分布曲線下で両側にある尾部の面積である。

p 値は，データを考察した後，与えられた帰無仮説を棄却するか否かを決定するのに

6 仮説検定

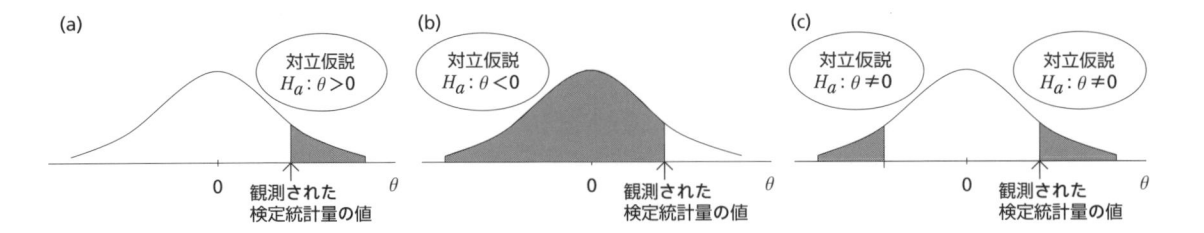

図23 仮説検定が，あるパラメータ θ が0に等しい（帰無仮説）かどうかを検定するために計画されているとする．このとき，3つの対立仮説：(a) $H_a: \theta > 0$, (b) $H_a: \theta < 0$, そして (c) $H_a: \theta \neq 0$ があり得る．それぞれの場合の p 値とは，θ に対する検定統計量が，データから観測された検定統計量の値よりも帰無仮説とより適合しない値をとる，という確率である．この確率（p 値）は，帰無仮説 H_0 に対する分布曲線の下にあって対立仮説の方向へ伸びている，陰をつけた部分の面積である．

使用される．もし p 値が小さければ，観測されたデータが帰無仮説（すなわち，ランダムさの仮定）と一致するメカニズムによって発生したのではないらしいと結論して，帰無仮説を棄却し対立仮説のほうを採択する．もし p 値が大きければ，**帰無仮説に反対するだけの十分な証拠がない**ことになる．この場合，統計学者は"帰無仮説を棄却できない"という．ここでいう"小さい"とは，どれぐらい小さいのか？ p 値は，仮説検定の有意水準 α（6.1.4節を参照）と比較して，$p < \alpha$ なら小さく，$p \geq \alpha$ なら大きいとされる．

6・1・2 仮説検定のよくある誤り

統計学的な仮説検定では，2種類の間違いが生じる可能性がある．1つは，帰無仮説が真であったとしても，それが棄却されてしまう可能性である．これはタイプⅠの過誤として知られている．実際には，この種の過誤は，効果が存在しないにもかかわらず有意効果があったと見ることにあたる．もう1つの種類の間違いは，帰無仮説が偽であったとしてもそれが棄却されないことである．これはタイプⅡの過誤として知られていて，存在する効果を見過ごしたり，有意な結果を見落としたりすることに対応している．

	真　理	
検定判断	H_0 が真である	H_0 が偽である
H_0 を棄却できない	正しい判断	タイプⅡの過誤
H_0 を棄却する	タイプⅠの過誤	正しい判断

検定の有意水準 α は，タイプⅠの過誤の可能性を実験者が受け入れ可能な水準よりも劣ったまま保持しようとする（6.1.4節を参照）．たとえば，p 値が $\alpha = 0.05$ より小さいときその結果は統計的に有意であると宣言した場合，各検定ごとにタイプⅠの過誤の可能性が5%の確率で存在することになる．残念ながら，有意水準を下げること（タイプⅠの過誤を生じにくくすること）は，タイプⅡの過誤が生じる確率を増大させることになる．タイプⅠ，タイプⅡの過誤の起こる確率を両方とも下げる唯一の方法は，標本

に含む観測値の個数を増やすことである（そう，より多くのデータを収集しよう）。

6・1・3　仮説検定の検出力

　偽である帰無仮説を正しく棄却する確率は，仮説検定の**検出力**と呼ばれる．検出力は，現存する結果を正しく明らかにするための検定の能力を表す．これはタイプIIの過誤が生ずることとは相反することなので，検出力は $1-\beta$ とも表される．ただし，β はタイプIIの過誤の生じる確率である．

　ある検定の検出力を計算するためには，その検定統計量の対立仮説の下での分布を知らなければならない．これを容易に知ることができる検定シナリオもあるが，状況によってはこれが全く複雑なことになる可能性もある．というのは，対立仮説の下での検定統計量の分布が，帰無仮説の下での検定統計量の分布と必ずしも同じ形状を持たないためである．もし対立仮説の下での分布が分かれば，検出力は，観測された検定統計量の値で始まって帰無仮説から遠ざかるような，対立仮説の分布曲線下にある部分の面積として，積分計算して求められる．

6・1・4　統計的な有意性の解釈

　ある統計的な仮説検定の p 値がその検定の有意水準 α より小さいならば，帰無仮説は棄却され対立仮説のほうが採択される．ここで，ここに述べた考え方に混乱を覚える人もいるだろう．というのは，この考え方が，**対立仮説が実際に真であるということを意味するものではない**ためである．同様に，帰無仮説を棄却できないことは，その帰無仮説が真であることを立証するわけではない．統計的な仮説検定は，数学的な意味での証明ではない．これらは単に，事前の所見についての確認か，否認かのいずれかに過ぎない．この事前の所見が放棄されるに先立って，データを通して与えられる証拠が帰無仮説に反するものとして十分説得的である（p 値 < α）必要がある．

　慣習的に，統計的な有意水準は $\alpha = 0.05$ と選ばれることが多い．しかし，この5％について何ら魔術的な意味があるわけではない．その他の有意水準としては，適用に応じて，$\alpha = 0.01$（1％）や，$\alpha = 0.1$（10％）といった値がとられることがある．それゆえ，ある結果が"統計的に有意"であるか否かは，科学的な問いかけとデータに依存するだけでなく，統計的な有意水準を決定する研究者の判断にも依存する．このような理由から，統計的仮説検定の結果を発表するときには，有意である，有意でないという決定として発表するよりも，むしろ p 値それ自体を発表するほうが望ましい．p 値はより多くの情報を含んでいて，すべての読者はそれぞれにとって意味のある有意水準で，自身の結論を引き出すことができる．

6・2

よく使われる仮説検定

　本節では，よく使われる仮説検定法を精選して示す．それぞれの検定に対して，その検定がデザインされる状況について説明し，帰無仮説と対立仮説についての例を示す．そして，検定統計量をその分布と共に提示する．さらに，検定法が有効であるために満たされなければならない可能性のある仮定条件を列挙する．

　6.1節で概略を述べた，仮説検定に対する5つのステップを再考してみよう．最初に，取り扱いたい有意水準を選ぶことから始める（6.1.4節を参照）．次に，問いかけを考案し，適当な帰無仮説と対立仮説を選び出す．そして，帰無仮説に含まれるパラメータ（平均値，比率など）と，比べようとしている母集団の個数により，適切な検定法を割り出す（表2を参照）．選んだ検定法から使用する検定統計量関数が決まり，そしてその検定統計量関数の分布も決定される．観測で得られたデータ集合に対し検定統計量の値を計算し，仮説検定に対するp値を得る．多くの検定の場合，検定統計量の計算ス

表2　本書で取り上げる，よく使われる仮説検定法の概観．

	注目する母集団パラメータ			
	平均	節	比率	節
1標本，パラメータと一定値との比較	・1標本t検定	(6.2.1)	・1標本z検定 ・フィッシャーの正確計算検定	(6.2.2) (6.3.2)
2つの独立標本，パラメータの比較	・独立2標本t検定 ・ウィルコクソン-マン-ホイットニー検定 ・並べ替え検定	(6.2.1) (6.3.1) (6.3.3)	・2標本z検定 ・並べ替え検定	(6.2.2) (6.3.3)
2つの従属標本，パラメータの比較	・ペアt検定	(6.2.1)		
多重独立標本	・F検定 ・テューキー検定・シェフェ検定 ・並べ替え検定	(6.2.3) (6.2.4) (6.3.3)		
カテゴリーデータ	・χ^2適合度検定 ・独立性に対するχ^2検定 ・フィッシャーの正確計算検定	(6.2.5) (6.2.5) (6.3.2)		

利用しやすいよう，検定手続きの名称を参照節と共に記載した．

テップを省くエクセルのコマンドがあり，p値を直接出力してくれる．得られたp値を，選択した有意水準と比べ，対象となっている問いかけと関連づけて結論を述べる．

すべての仮説検定に関していえることだが，最後の重要な手順は，選んだ仮説検定法に対しての仮定条件をデータが満たしているかどうかをチェックすることである．しばしば，仮定条件として最低限必要な標本サイズが要求される（これはチェックするのが容易である）．他にも，仮定条件として観測値の正規性が要求されることもある．この正規性はPPプロットやQQプロットでチェックできる（3.4.3節を参照）．

6・2・1 t検定

t検定は，生物学で最もよく使用される検定法の1つである．t検定は3つの適用のために計画される．

- 単一の母集団についての平均値を，ある一定値と比較するため．
- 2つの独立した母集団についての平均値を，互いに比較するため．
- 2つの従属した測定値（たとえば，同一の個々体についての処理前と処理後での測定値）を比較するため．

これら3つの適用をそれぞれ別個に考えるとしよう．

1標本t検定

1標本t検定は，ある1つの母集団の平均値μが，前もって指定した一定値δに等しいかどうかを検定する．この一定値は$\delta = 0$とすることが最も多いが，そうしなければならないわけではない．目的に応じて，ある適当な有意水準αを選ぶ．標本サイズnの1つの標本のデータに基づいて決定がなされるが，ここで$\bar{x}$はその標本平均で，sはその標本標準偏差である．

仮説

$$H_0 : \mu = \delta \text{ に対し，} H_a : \mu > \delta \text{ （または } \mu < \delta \text{，または } \mu \neq \delta \text{）}$$

帰無仮説H_0は，母集団平均μが一定値δに等しいということである．それに対し，対立仮説はその母集団平均がδより大きいか，小さいか，あるいはδに等しくないかのいずれかであることを述べている．いずれの対立仮説が使用されるべきかはその適用による．

6 仮説検定

検定統計量

$$t = \frac{\bar{x} - \delta}{s/\sqrt{n}} \sim t\,(df = n-1)$$

ここで，この検定統計量は自由度 $n-1$ の t 分布に従う。

> **エクセルを使うと**　標本の平均値，標準偏差をそれぞれ，エクセルで "AVERAGE( )"，"STDEV( )" のコマンドを使って計算する（3.2.2節を参照）。検定統計量の値を上述の公式を使って計算する。エクセルでの平方根コマンドは "SQRT( )" である。コマンド "=TDIST(t, df, TAILS)" を用いて p 値を算出する。ここで，t は前もって計算しておいた検定統計量の値であり，$df = n-1$ は自由度の値であり，TAILS は 1 の値（片側形式の対立仮説の場合）または，2 の値（両側形式の対立仮説の場合）をとる。

仮定条件

- 標本は（偏りなしに）母集団を代表していなければならない。
- データが正規分布でほぼ近似できるか，あるいは標本サイズが大きい（$n > 30$）か，そのいずれかが必要である。

2標本 t 検定

独立した2つの母集団に対して，2標本 t 検定はそれらの母集団平均 μ_1 と μ_2 が等しいか否かを検定する。その決定は，標本サイズ n_1 と n_2（これらは必ずしも等しい必要はない）の2つの標本から得られるデータを考察することにより行われる。$\bar{x}_1$ と $\bar{x}_2$ が2つの標本のそれぞれの標本平均値を表し，s_1 と s_2 がそれらの標本標準偏差を表すとする。目的に応じて適当な有意水準 α を選ぶ。

仮説

$$H_0 : \mu_1 = \mu_2 \text{ に対し，} H_a : \mu_1 > \mu_2 \text{ (または } \mu_1 < \mu_2, \text{ または } \mu_1 \neq \mu_2\text{)}$$

検定統計量　2標本 t 検定を実行する際しては，2つの母集団分散が等しいか否かによって，2つの違った検定統計量がある。母集団の分散が等しいと仮定される（等分散の）場合には，検定統計量として

$$t = \frac{\bar{x}_1 - \bar{x}_2}{\sqrt{\frac{(n_1-1)s_1^2 + (n_2-1)s_2^2}{n_1 + n_2 - 2} \cdot \left(\frac{1}{n_1} + \frac{1}{n_2}\right)}} \sim t\,(df = n_1 + n_2 - 2)$$

を使用する。他方，2つの標本が等しい分散を持つ母集団から抽出されたと仮定できない（異分散の）場合には，検定統計量として

$$t = \frac{\bar{x}_1 - \bar{x}_2}{\sqrt{\frac{s_1^2}{n_1} + \frac{s_2^2}{n_2}}} \sim t\left(df = \frac{\left(\frac{s_1^2}{n_1} + \frac{s_2^2}{n_2}\right)^2}{\left(\frac{s_1^2}{n_1}\right)^2/(n_1-1) + \left(\frac{s_2^2}{n_2}\right)^2/(n_2-1)}\right)$$

を使用する。

> **エクセルを使うと**
>
> 独立した2つの標本に対するt検定をエクセルで実施するためには,データを2つの縦列に書き込んで,空のセルをクリックし"=TTEST(ARRAY1, ARRAY2, TAILS, TYPE)"と打ち込む。ARRAY1を選択し,対応するデータの1番目の縦列を選択してリターン・キーを打つ。データの2番目の縦列とARRAY2に対して,同じ操作を繰り返す。TAILSは,片側の対立仮説($<$,または$>$),両側の対立仮説($\neq$)のいずれに対して検定を行うかによって,それぞれ1,2の値をとる。TYPEは,等分散の仮定に従う独立2標本t検定に対しては2の値をとり,異分散の仮定に従う独立2標本t検定に対しては3の値をとる。そうしてエクセルは,選択した検定についてのp値を出力する。

仮定条件

- 2つの標本は互いに独立であり,それらはそれぞれ(偏りなしに)抽出される母集団の特徴を代表していなければならない。
- データは両方の標本中でそれぞれ正規分布しているか,または両方の標本サイズ(n_1とn_2)が共に大きくなければならない。独立2標本t検定はかなり頑健なものであり,正規性からの離脱が大きいものでなければ,標本サイズは$n_1 \geq 5$, $n_2 \geq 5$程度でかまわない。

正規分布していないデータを持つが,等分散である2つの母集団の場合に対しては,等分散の独立2標本t検定に代わるものとして,ノンパラメトリックな検定(分布に関する仮定条件がデータに設定されない検定)がある。それはウィルコクソン-マン-ホイットニー(Wilcoxon-Mann-Whitney)検定と呼ばれる(6.3.1節を参照)。この検定は任意の標本サイズに適用できるが,極度に小さな標本に対してはあまり効果的ではない。等分散でほどほどの標本サイズ($n \geq 10$)の場合に対しては,独立2標本t検定は並べ替え検定に置き換えることができる(6.3.3節を参照)。

ペアt検定

2標本t検定は2つの**独立した母集団**からのデータに基づいている。多くの場合,独立性というのは意味のある仮定条件ではない。たとえば,同じ個々体に対して,異なった処理条件下で繰り返し観測値が取られることがある。両方の条件下での測定値の平均が同じかどうかを検定するため,n個の従属した観測値のペアを考え,それらの差を計

算する。すなわち，$x_i^{(1)}$ を処理1の下での個体 i の観測値であるとし，$x_i^{(2)}$ を処理2の下での同じ個体の観測値であるとしたとき，差 $d_i = x_i^{(1)} - x_i^{(2)}$ を計算する。いま，$\bar{d}$ がこれらの差についての標本平均を表し，s_d がこれらの差についての標本標準偏差を表すとしよう。

仮説

$$H_0 : d = 0 \text{ に対し,} \quad H_a : d > 0 \text{ (または } d < 0, \text{ または } d \neq 0)$$

検定統計量

$$t = \frac{\bar{d}}{s_d / \sqrt{n}} \sim t(df = n - 1)$$

仮定条件

- たとえ同じ個体に関しての測定値が独立であると仮定されなくても，n 個の個体自体は独立に選ばれるべきであって，これらの個体は抽出される母集団を代表していなければならない。
- 繰り返される2つの測定値集合は正規分布しているか，あるいは個体数 n が大きく（$n > 15$）なければならない。

> **エクセルを使うと**
>
> ペア t 検定をエクセルで実施するためには，データを2つの縦列に書き込んで，空のセルをクリックし "=TTEST(ARRAY1, ARRAY2, TAILS, TYPE)" と打ち込む。ARRAY1を選択し，対応するデータの1番目の縦列を選択してリターン・キーを打つ。データの2番目の縦列とARRAY2に対して，同じ操作を繰り返す。TAILSは，片側の対立仮説（<，または>），両側の対立仮説（≠）のいずれに対して検定を行うかによって，それぞれ1, 2の値をとる。TYPEは，ペア t 検定に対しては1の値をとる。そうしてエクセルは，選択した検定についての p 値を出力する。

例6.3

雄のショウジョウバエは，地球上のすべての生物（人間を含む）の中で最長の精子細胞を持っている。しかし，精子の長さは種によって異なる。キイロショウジョウバエ（*Drosophila melanogaster*）の雄と，オナジショウジョウバエ（*Drosophila simulans*）の雄では，それぞれの精子細胞の長さは有意に違っているだろうか？

6.1節で概略を述べた5つのステップの手順をたどってみよう。実験から *D. melanogaster* について $n_1 = 15$ 個の観測値を得た。それらの精子細胞の平均長は $\bar{x}_1 = 1.8$ mm で，標準偏差は $s_1 = 0.12$ であった（これは人間の精子細胞のほぼ300倍の長さである）。*D. simulans* についての観測値は $n_2 = 16$ 個で，それらの精子細胞の平均長

は $\bar{x}_2 = 1.16$ mm で，標準偏差は $s_2 = 0.09$ であった．

1. 有意水準を $\alpha = 0.05$ に選ぶ．
2. 帰無仮説は D. melanogaster と D. simulans の精子細胞の平均長が同じであるとする．ハエについて前もって何も情報を持っていないとすると，それらの平均長が等しくないという対立仮説を使って，

$$H_0: \mu_1 = \mu_2 \text{ に対し}, \quad H_a: \mu_1 \neq \mu_2$$

のように定式化できる．

3. たとえ標本標準偏差が等しくなくても（0.12 と 0.09），それでもなお母集団分散が等しいと仮定することは妥当である（経験則として，大きいほうの標本標準偏差が小さいほうの標本標準偏差の2倍を超えないことをチェックするとよい）．それゆえ，等分散の仮定に従う2標本 t 検定を使用してみる．
4. もし完全なデーター式を持っているならば，それをエクセルのスプレッドシートに入力して，"=TTEST(ARRAY1, ARRAY2, 2, 2)" のコマンドを使う．すると，両側の対立仮説で等分散の仮定に従う2標本 t 検定を実行して，直接その p 値を計算できる．

   完全なデーター式を持っておらず，（上述のような）要約統計量の値だけが分かっているような場合には，検定統計量の値を手計算で

$$t = \frac{1.8 - 1.16}{\sqrt{\frac{14 \times (0.12)^2 + 15 \times (0.09)^2}{29}\left(\frac{1}{15} + \frac{1}{16}\right)}} = 16.87$$

のように計算する．この検定に対する p 値を，次のエクセルのコマンド

"=TDIST(16.87, 29, 2)"

を使って計算する．その結果は $p = 1.56 \times 10^{-16}$ となる．

5. この p 値は有意水準 α（= 0.05）よりもずっと小さい．それゆえ，帰無仮説を棄却し，その代わりに，データは精子細胞の平均長が違っていると結論づけるのに十分な証拠（$p = 1.56 \times 10^{-16}$）があるといえる．

ここでは両方の標本が適度に大きい（$n > 10$）ことから，データの正規性を（たとえば，PP プロットを使って）チェックする必要はない．

6・2・2 z 検定

標本平均の代わりに，z 検定は1つ，もしくはより多くの母集団比率を比較する．たとえば，運動療法中に心臓発作を経験した患者の割合を対照グループと比較するなどで

6　仮説検定

ある。ある母集団比率をある一定値と比べたり，または２つの母集団比率を互いに比べたりするために，標本が各母集団から抽出され，標本比率 $\hat{p}$ が標本の中である特徴を示す個体の割合として計算される。t 検定の場合と同様，z 検定には１標本と，２標本の形式がある。

１標本 z 検定

　この検定法の目的は，母集団比率 p が前もって定められた一定値 p_0 に等しいか否かを判定することである。標本サイズ n の標本が大きな母集団から抽出されて，ある特徴を示す個体の標本比率 $\hat{p}$ が観測されているとしよう。

仮説

$$H_0: p = p_0 \text{ に対し，} H_a: p > p_0 \text{（または } p < p_0, \text{ または } p \neq p_0\text{）}$$

検定統計量

$$z = \frac{\hat{p} - p_0}{\sqrt{\frac{p_0(1-p_0)}{n}}} \sim \text{Normal}(0, 1)$$

仮定条件

- 母集団は標本よりもずっと大きくなければならず（生命科学ではこれが問題になることは稀である），標本は（偏りなしに）母集団を代表していなければならない。
- 標本サイズは $np_0 \geq 10$ と $n(1-p_0) \geq 10$ を満たすぐらい十分に大きくなければならない。原則的に，標本はそれぞれのタイプ（特徴を持ったタイプ，持たないタイプ）について少なくとも10個の観測値を含むべきである。

　上述の標本サイズよりも小さい標本に対しては，他に選択すべき検定としてノンパラメトリック検定（すなわち，データに関して何ら分布の仮定が設定されない検定）がある。それはフィッシャー（Fisher）の正確計算検定と呼ばれる（6.3.2節を参照）。

> **エクセルを使うと**
> 　標本の中である特徴を示す個体数 X を数え上げる。標本比率 $\hat{p} = X/n$ を計算し，上述の式を使って z 検定統計量の値を計算する。エクセルでの平方根コマンドは "SQRT( )" である。p 値を計算するために，エクセルの "=NORMSDIST(z)" コマンドを使う。ただし，この中の z は先の z 検定統計量の値である。そうして得られる結果は，標準正規分布曲線下にあって z の値より左側にある部分の面積となる。対立仮説の定式化に応じて，これがそのまま p 値となり得たり，または１からそのコマンド結果を差し引いた値が p 値を与えたりする（図23を参照）。

6・2 よく使われる仮説検定

例 6.4

1群のショウジョウバエが,食べ物と赤い色を関連づけるように条件付けられている。42匹のショウジョウバエが,2つの選択肢を持つ迷路(一方の路は赤色に色付けされ,もう一方の路は緑色に色付けされている)に放たれた。28匹のショウジョウバエは赤色の選択肢を選び,残る14匹は緑色の選択肢を選んだ。この研究での仮説は,上述の条件付けが機能したかどうかを問うことにある。赤色の選択肢を選んだショウジョウバエの数は,確率的に偶然そうなると期待される数よりも多いだろうか?

1. 有意水準を $\alpha = 0.05$ と選ぶ。
2. p は,条件付けられたショウジョウバエ(実験対象となったショウジョウバエだけでなく)のうち,2つの選択肢が与えられたときに赤色のほうを選ぶであろうショウジョウバエの母集団比率であるとしよう。もしその条件付けが機能していないならば,ショウジョウバエの半分($p = 0.5$)が赤色の選択肢を選ぶと期待できるだろう。その条件付けが機能しているときには,半分よりも多くのショウジョウバエが赤色を選ぶであろう。そこで,仮説を

$$H_0 : p = 0.5 \text{ に対し,} \quad H_a : p > 0.5$$

のように設定する。

3. この実験に対する検定統計量の値は

$$z = \frac{\frac{28}{42} - 0.5}{\sqrt{\frac{0.5(1-0.5)}{42}}} = 2.16$$

となる。この検定統計量は標準正規分布,Normal(0, 1)に従う。

4. この片側検定の p 値を,標準正規分布曲線下にあって $z = 2.16$ より右側にある部分の面積として,エクセルで "=1 − NORMSDIST(2.16)" とコマンドを使って計算することにより求める。ここで,エクセルは左側の尾部部分の確率を計算することを思い起こそう。したがって,p 値は1から左側の尾部部分の面積を差し引いた値である($p = 0.0154$)。

5. この p 値は小さい($p < \alpha$)。それゆえ,帰無仮説は棄却され,上述の条件付けがショウジョウバエで機能したと結論づけられる。

なお,この実験においては $42 \times 0.5 = 21 \geq 10$,そして $42 \times (1 − 0.5) = 21 \geq 10$ であるから,仮定条件は満たされている。どちらの選択肢を選んだショウジョウバエも,少なくとも10匹いた。

2標本 z 検定

2つの母集団からそれぞれ標本サイズが n_1, n_2 の独立な標本が抽出されて,成功の

比率が各標本で求まっているとする。ここで興味のある問いかけは，両方の母集団での成功比率が同じであるか否かということである。

仮説

$$H_0: p_1 = p_2 \text{ に対し，} H_a: p_1 > p_2 \text{（または} p_1 < p_2\text{，または} p_1 \neq p_2\text{）}$$

検定統計量 $\hat{p}_1$, $\hat{p}_2$ はそれぞれの標本の標本比率を表すとする。さらに，$\hat{p}$ は両方の標本を合わせた，相対成功頻度を表すとする。すると，検定統計量は

$$z = \frac{\hat{p}_1 - \hat{p}_2}{\sqrt{\hat{p}(1-\hat{p})\left(\frac{1}{n_1} + \frac{1}{n_2}\right)}} \sim \text{Normal}(0, 1), \text{ ここで } \hat{p} = \frac{n_1 \hat{p}_1 + n_2 \hat{p}_2}{n_1 + n_2}$$

と与えられる。

仮定条件
- 両方の標本がお互い独立に抽出されなければならず，両方の標本はそれぞれの母集団を（偏りなしに）代表していなければならない。
- 両方の標本において，成功回数と失敗回数は少なくとも5回以上であるべきである。

例 6.5

マウスにアルコール依存症を引き起こす可能性のある遺伝子の候補について調べる実験を計画した。27匹の野生型マウスと，その候補遺伝子をノックアウトした25匹のマウスとに，アルコールを混ぜた飲み物，アルコールを混ぜていない飲み物を与えた。野生型マウスのうち18匹と，ノックアウトマウスのうち12匹が，アルコールを混ぜている飲み物を選んだ。この結果は，候補遺伝子がマウスの飲み物の選好に関連していると

結論づける十分な証拠になっているだろうか？

1. 有意水準を $\alpha = 0.05$ と選ぶ。
2. p_1 をアルコールを混ぜた飲み物を選ぶであろう野生型マウス（実験対象となった野生型マウスだけでなく）の母集団比率とし，p_2 をアルコールを混ぜた飲み物を選ぶであろうノックアウトマウスの母集団比率とする。帰無仮説と対立仮説は

$$H_0 : p_1 = p_2 \text{ に対し，} H_a : p_1 > p_2$$

である。
3. 標本データから，両方の標本を合わせた成功頻度は

$$\hat{p} = \frac{18+12}{27+25} = 0.577$$

となる。すると，z 検定統計量の値は

$$z = \frac{\hat{p}_1 - \hat{p}_2}{\sqrt{\hat{p}(1-\hat{p})\left(\frac{1}{n_1}+\frac{1}{n_2}\right)}} = \frac{\frac{18}{27} - \frac{12}{25}}{\sqrt{0.577(1-0.577)\left(\frac{1}{27}+\frac{1}{25}\right)}} = 1.361$$

である。この検定統計量は標準正規分布，Normal(0, 1) に従う。
4. この場合の p 値は，標準正規分布曲線下にあって $z = 1.361$ より右側にある尾部部分の面積である。この値はエクセルで "=1－NORMSDIST(1.361)" とコマンドを使って計算できる。ここで，エクセルは左側の尾部部分の確率を計算することを思い起こそう。したがって p 値は，1 から左側の尾部確率を差し引いて計算する。そして，この例の場合に対する p 値は 0.0867 と求まる。
5. この p 値は有意水準 $\alpha = 0.05$ よりも大きい。ゆえに，帰無仮説を棄却できない。これらのデータは，候補遺伝子がマウスの飲み物の選好に関連していると言明するのに十分な証拠とはならないと結論づけられる（すなわち，野生型マウスがノックアウトマウスよりも，飲酒に関する母集団比率が高いとする証拠がない）。

なお，野生型マウスのグループ（対照群）の中に 18 匹の成功と 9 匹の失敗があり，ノックアウトマウスのグループの中に 12 匹の成功と 13 匹の失敗があるので，仮定条件は満たされている。

6・2・3　F 検定

2 標本 t 検定は 2 つの母集団の平均が等しいか否かを決めるのに使用されることを思

い起こそう。実験の状況によっては，2つよりも多くの実験条件が考察されることもある。F 検定は，k 個の母集団の平均が**すべて等しいかどうか**を決めるのに使用される。この命題の反対は，**少なくとも1つの**母集団が，その他のものとは異なった平均を持つという命題である。

仮説

$$H_0 : \mu_1 = \mu_2 = \cdots = \mu_k \text{ に対し}, \quad H_a : \text{少なくとも1つの } \mu_i \text{ が異なる}$$

検定統計量 F 検定に使われる検定統計量は，k 個のグループ内にある変動を，それら k 個のグループの平均の間にある変動と比較する統計量である。いま，x_{ij} は母集団 i ($i = 1, 2, \cdots, k$) から抽出された j 番目 ($j = 1, 2, \cdots, n_i$) の観測値を表すとし，$\bar{x}_i$ は母集団 i から抽出された n_i 個の観測値についての平均値を表すとする。そして，$n = n_1 + \cdots + n_k$ は全標本の標本サイズを表すとし，$\bar{x}$ は n 個の全観測値についての（全体の）平均値を表すとする。すると，F 検定統計量は

$$F = \frac{\frac{1}{k-1} \sum_{i=1}^{k} n_i (\bar{x}_i - \bar{x})^2}{\frac{1}{n-k} \sum_{i=1}^{k} \sum_{j=1}^{n_i} (x_{ij} - \bar{x}_i)^2} \sim F(k-1, n-k)$$

で求められる。平均値の間の変動がグループ内の変動に比べて大きいならば，F 検定統計量は大きな値をとる。この場合，対応する p 値は小さな値となり，平均値が等しいとする帰無仮説は棄却される。

> **エクセルを使うと**
>
> F 検定は一元配置分散分析（ANOVA：第7章を参照）としても知られている方法を使って実行される。k 個の母集団に対し得られる観測値をそれぞれ，エクセルのスプレッドシートの k 個の隣接した縦列に書き込む。「データ」→「データ分析」→「分散分析：一元配置」とクリックする。データを含んでいるすべての縦列を選択する（メニューの中の「列」のボタンをチェックすること）。解析が完了すると表示されるエクセルの分散分析表の中で，F 検定統計量の値は「観測された分散比」とラベルを付けられた縦列に表示される。対応する p 値は同じ分散分析表で「P-値」の縦列に表示される。

例 6.6

F 検定の適用に関する例については，7.2.1節と7.2.2節を参照。

6・2・4　テューキー（Tukey）検定とシェフェ（Scheffé）検定

ひとたび F 検定により k 個の母集団平均の間に違いがあるという証拠が得られたら，それではどの母集団平均が実際に違っているのかを特定することが望ましい。ここで，その発明者テューキー（Tukey）とシェフェ（Scheffé）の名を採って命名された，2つの方法が使用可能である。いずれの方法もエクセルでは実行できないが，他の多くの統計ソフトウェア・パッケージ（たとえば，SAS, R, S$^+$, Minitab, SPSS など）で利用できる。

テューキー検定法は k 個の平均をペアごとに比較する（各母集団を，それ以外の母集団すべてと別々に比較する）。この方法は，平均値についてペアごとの比較だけに興味がある場合に使用するのが望ましい。テューキー検定法は各比較において，2つの母集団平均が違っているか否かを検定する。これは一見たくさんの2標本 t 検定を実施しているのと同じように見えるが，実はそうではない。すべての組み合わせのペアの平均に関して比較が行われるので，（すべての比較の間での）誤差を発生させ得る**すべての機会**が，有意水準や研究者が設定する基準によってコントロールできるように，ペアごとの比較の回数が考慮に入れられている。

シェフェ検定法は，グループの平均に関しその一次結合について結論を引き出すために立案されている。たとえば，F 検定が3つのグループが等しい平均を持たないと結論を下した後に，1番目，2番目のグループの平均が同じかどうか，そして3番目のグループの平均が1番目，2番目のグループの平均の2倍であるかどうか，といった問いかけをすることができる。

$$\text{シェフェ検定法の場合の例：} H_0：\mu_1 = \mu_2, \text{ そして } \mu_3 = 2\mu_1 = 2\mu_2$$

のような場合である。

6・2・5　χ^2 検定：適合度，または独立性の検定

χ^2（カイ二乗）検定は2種類の適用で使用される。
- "適合度"としての適用は，データが特定のメカニズムによって生成されたものかどうかを検証する。
- "独立性の検定"としての適用は，観測される2つの因子が互いに独立に生じているかどうかを検証する。

いずれ場合も，観測値は2つのカテゴリー変数（3.1節を参照）として収集される。ほとんどの場合，データは**分割表**の形でまとめられ，表の行と列は2つのカテゴリー変数がとる値で分類される。分割表のセルは，標本においてそれぞれのカテゴリー変数の組合せに属する観測値が，何回観測されたかを表している。

6 仮説検定

例 6.7
　ショウジョウバエの集団において，眼の色（赤色，褐色）と性別（雄，雌）が観測される変数であるとする。眼の色と性別が，各ショウジョウバエごとに記録された。その結果として得られる分割表は，2行と2列を有する。「赤色の眼，雄」に対応している表のセルには，バイアル瓶中で観測された赤色の眼を持つ雄のショウジョウバエの個体数が入っている。

適合度検定

　2つのカテゴリー変数についての観測数が，分割表として記録されている場合を考えるとしよう。因子の各組合せに対して発生する度数について，あるモデルが定式化され，観測されたデータがその仮説モデル（たとえば，遺伝子の分離）に一致するか否かを決めることがここでの関心事である。

検定統計量　適合度の χ^2 検定統計量は，観測された度数と，仮説（すなわち，期待される）モデルが正しいならば観測されるであろう度数とを比べるもので，

$$\chi^2 = \sum \frac{(観測された度数 - 期待される度数)^2}{期待される度数} \sim \chi^2(df = (r-1)(c-1))$$

である。ここで，r は分割表の行の数を表し，c は列の数を表す。

仮定条件
- この検定統計量が従う確率分布は，期待される度数が十分大きければ，ほぼ近似的に χ^2 分布に従う。**各セル**に対し期待される度数が ≥ 5 である場合にのみ，この検定は使用可能である。

　2×2分割表に対しては，標本サイズが小さい場合，フィッシャーの正確計算検定がノンパラメトリック（データに関して分布の仮定が設定されない統計）な代替検定法となる（6.3.2節を参照）。

> **エクセルを使うと**
> 　観測された度数を表の形に書き込む。そして，仮説として取り上げたモデルをその観測値に適用することにより期待される度数を自分自身で計算し，その結果を先の表と同じ次元で別の表に書き込んでおく。それから，任意の空のセルをクリックしてエクセルのコマンドを "=CHITEST(TABLE1, TABLE2)" と打ち込み，観測された度数の表と，期待される度数の表とをそれぞれ選択する。このコマンドは，適合度検定に対する p 値を返すことになる。

6・2 よく使われる仮説検定

例6.8
　二品種を交配したトウモロコシにおいて，遺伝子の組合せにより，次のような表現型が得られる：紫色／丸，紫色／しわ，黄色／丸，黄色／しわ。これら4つの表現型は，2組の相同染色体上に配置された，2組のヘテロ接合の遺伝子によって発現される。メンデルの遺伝法則に従えば，表現型に関し9：3：3：1の比率が期待されるだろう（すなわち，これが仮説として取り上げるモデルである）。

　1本のトウモロコシの穂に381個の穀粒があり，それぞれの粒が丸としわのいずれか，および紫色と黄色のいずれか，で分類された。その結果が下の分割表に記載されている。

観測された表現型	丸	しわ	合計
紫色	216	79	
黄色	65	21	
合計			381

1. 有意水準として $\alpha = 0.05$ を使う。
2. メンデルの遺伝法則に基づくモデルの下では，穀粒16個のうち9個が紫色／丸であると期待される。このメンデルのモデルに対して期待される度数を計算するために，全観測数（$n = 381$）のうちの9/16, 3/16, 3/16, 1/16に対応する数を計算し，それらを新しい表の中に記入する。

期待される表現型	丸	しわ	合計
紫色	214.3125	71.4375	
黄色	71.4375	23.8125	
合計			381

3.と4. 観測された度数の表と，期待される度数の表との両方にエクセルのコマンド "=CHITEST(TABLE1, TABLE2)" を適用すると，p 値が0.189と算出される。

5. この p 値は（有意水準 $\alpha = 0.05$ に比べて）大きい。それゆえ，データは，仮説として取り上げたメンデルの遺伝モデルを棄却するような証拠を与えていない。

　表の中の，期待される度数がすべて ≥ 5 であるので，検定の仮定条件が満たされていることには注意しよう。

独立性に対する χ^2 検定

　1つの母集団に関して，2つの因子が独立かどうかを問うことに関心を持つことがある。分割表に記録された，2つのカテゴリー因子の観測数を考えるとしよう。

6 仮説検定

仮説

H_0：因子同士が独立である
H_a：因子同士が独立でない

検定統計量 観測された2つの因子同士が実際に独立であるときには，因子の組合せのそれぞれに対して期待される度数は，集団全体の度数と，分割表の行合計と列合計を掛けたものを考察することによって得られる。すなわち，期待される度数は

$$\text{期待される度数} = \frac{\text{行合計} \times \text{列合計}}{\text{集団全体の度数の合計}}$$

のようにして求められる。χ^2検定を用いて独立性を検定するときの統計量は，適合度に対して検定するときの統計量と同じもので，

$$\chi^2 = \sum \frac{(\text{観測された度数} - \text{期待される度数})^2}{\text{期待される度数}} \sim \chi^2(df = (r-1)(c-1))$$

である。ここで再び，rは分割表の行の数を表し，cは列の数を表す。

エクセルを使うと 観測された度数を表の形に書き込む。行合計，列合計をすべて計算する。期待される度数を自分自身で計算し，結果を先の観測された度数と同じ次元で別の表に書き込んでおく。任意の空のセルをクリックしてエクセルのコマンドを"=CHITEST(TABLE1, TABLE2)"と打ち込み，観測された度数の表と期待される度数の表をそれぞれ選択する。このコマンドは，独立性に対するχ^2検定に対してのp値を返すことになる。

例 6.9

120匹のショウジョウバエが入ったバイアル瓶の中に，55匹の雄（65匹の雌）のショウジョウバエがいた。そして，雄の24匹，雌の38匹が赤色の眼を持っていた。その他のすべてのショウジョウバエは褐色の眼を持っている。性別と眼の色が遺伝的に連鎖しているかどうかをこの研究では調べたいとする。

これらのデータに対する分割表は以下のようになる。

観測された形質	赤色の眼	褐色の眼	合計
雄	24	31	55
雌	38	27	65
合計	62	58	120

1. 有意水準 $\alpha = 0.05$ を使う。
2. 帰無仮説は，性別と眼の色が連鎖していない，すなわちこれらの形質が独立しているとする。それに対し対立仮説は，それらの形質が連鎖しているとするものである。もし性別と眼の色が独立ならば，55/120 の割合のショウジョウバエが雄であり，62/120 の割合のショウジョウバエが赤色の眼であると期待される。ここから，バイアル瓶の中では

$$\frac{55}{120} \times \frac{62}{120} \times 120 = \frac{55 \times 62}{120} = 28.417$$

匹が赤色の眼を持つ雄のショウジョウバエであると期待される。残る3つの期待される度数も計算すると，それらを要約した表が導かれ，

期待される形質	赤色の眼	褐色の眼	合計
雄	28.417	26.583	
雌	33.583	31.417	
合計			120

となる。

3.と4. エクセルのコマンド "=CHITEST(TABLE1, TABLE2)" を観測された度数の表と，期待される度数の表とに適用すると（行合計や列合計は選択せず，4つの度数を含むセルのみを選択する），p 値が 0.105 と算出される。
5. この p 値は（有意水準 $\alpha = 0.05$ に比べて）大きいので，帰無仮説を棄却できず，性別と眼の色とは独立である，すなわち遺伝的に連鎖していないと結論づけられる。

6・2・6 尤度比検定（Likelihood Ratio Test）

尤度比検定は2つの統計モデルを比較して，どちらのモデルが与えられた観測値の集合をよりうまく記述するかを判断するために使用される。尤度とは，特定の確率モデルの下で与えられた観測値の集合を観測する可能性，すなわちそうした確率である。

例 6.10

2個体の F_1 雑種を交配して，子である F_2 の表現型に関するデータを得たとする。得られた40の F_2 のうち，ある形質について25が野生型，15が変異型で発現していた。ここで研究者は，2つの遺伝モデルを比べることにした。1つ目のモデルでは，野生型と変異型の表現型が3：1の比率で発現することが期待され，もう1つのモデルではそれらの表現型の発現比率が1：1であると期待される。データから与えられた情報によ

り，両方のモデルについての尤度を考察し，どちらのモデルを選択すべきかを判断する。両方のモデルにおいてその尤度は，二項分布（3.4.1節を参照）に基づく確率モデルを使って計算できる。

$$\text{モデル1}：P(25\text{の野生型と}15\text{の変異型}) = \binom{40}{25} \times (0.75)^{25} \times (0.25)^{15} = 0.0282$$

$$\text{モデル2}：P(25\text{の野生型と}15\text{の変異型}) = \binom{40}{25} \times (0.5)^{25} \times (0.5)^{15} = 0.0366$$

これらのモデルは両方とも同様の構造をしているが，パラメータ p（= 野生型の比率）の値が違っている。尤度を直接比較すると，（0.0366 > 0.0282 だから）1：1の遺伝モデルのほうがよりあり得そうであると結論される。

比較されるべき2つのモデルのうち，一方のモデルがもう一方よりも複雑で（すなわち，より多くのパラメータを持っている），簡単なほうのモデルが複雑なモデルの部分集合になっている場合がある。2つのモデルは同様な一般的構造をしていなければならず，複雑なほうのモデルに付加的なパラメータが含まれている点においてのみ違っているべきである。多くのパラメータを持つモデルは，シンプルなモデルと比較して，説明のための検出力を向上させたモデルなので，常により高い尤度を持つことになる。しかし，モデルのシンプルさと尤度との間にはトレードオフの関係がある。とくに，単純なモデルのほうが，生物学的バックグラウンドを説明するのが容易であることが多い。

検定統計量 標本サイズが大きい（$n > 30$）ときには，尤度比検定の統計量（LRT）の確率分布はほぼ近似的に χ^2 分布に従い，

$$\text{LRT} = -2 \ln \frac{L_0}{L_a} \sim \chi^2(df)$$

である。ここで，L_0 は帰無仮説の下での観測値の尤度であり，L_a は対立仮説の下での観測値の尤度である。この検定統計量LRTの従う χ^2 分布の自由度 df は，2つのモデルの間におけるパラメータの個数の差である。

LODスコア 遺伝子の連鎖を評価するときの結果は，対数オッズ（LOD）スコアの形で示されることがある。LRT統計量の場合と同様，LODスコアは，帰無仮説の（連鎖がない）モデルにおいての尤度 L_0 を，対立仮説の（連鎖がある）モデルにおいての尤度 L_a と比較して，

$$\text{LOD} = \log_{10} \frac{L_a}{L_0}$$

という量として与えられる。一般に，LODスコアのほうが，LRT統計量よりも解釈する

のが容易である。たとえば，LODスコアが2ということは，データから提供される情報を考慮すると，連鎖があるモデルのほうが，連鎖がないモデルよりも100倍あり得そうであるということを意味している。

> **メモ** 同じ帰無仮説と対立仮説に対するLODスコアとLRT統計量は，密接に関係しており，
> $$\mathrm{LOD} = \left(\frac{1}{2 \times \ln(10)}\right) \mathrm{LRT} \approx 0.217 \times \mathrm{LRT}$$
> が成り立っている。

6・3 ノンパラメトリック検定

　多くの統計的検定は，標本すなわちデータが抽出される母集団について設定される仮定条件に基づいている。たとえば，2標本t検定（6.2.1節を参照）で使用される検定統計量の関数は，両方の母集団から抽出されるデータが共に正規分布している場合にのみ，t分布に従う。そうでない場合には，標本サイズが共に大きいことが必要となる。そうすれば，中心極限定理（3.5節を参照）によって，標本平均が少なくとも近似的には正規分布に従うことになるからである。

　生物学上の適用では，実験中の母集団について事前の知識がほとんどないため，観測値の振舞い，すなわち分布が分からないことが多い。加えて，標本サイズが，中心極限定理が有効になるほど十分大きくないことがしばしばある。

ノンパラメトリック検定　データをとる母集団に関し，その分布について何の仮定もしないような検定法が，**ノンパラメトリック**と呼ばれている。ノンパラメトリック検定はそれでもある種の（たとえば，等分散仮定のような）仮定をするが，母集団の分布に関する知識は要求しない。

　通常使用される，母集団分布の仮定を要求するほとんどの統計的な検定シナリオに対して，それに代わるノンパラメトリック検定法がある。ノンパラメトリック検定法の主たる利点は，その仮定条件があまり限定的でないということである。一方で，マイナス面は，通常の（パラメトリックな）方法に比べて，長々とした計算が必要になることである。通常の検定法が要求する分布に関する仮定条件をデータが満たすときには，通常の検定法のほうが，対応するノンパラメトリック検定法よりも，統計的な検出力が強い（6.1.3節を参照）。標本サイズが大きいときは，パラメトリック検定法と，対応する

ノンパラメトリック検定法との間では，統計的な検出力はほとんど違わないことが多い。

6・3・1 ウィルコクソン－マン－ホイットニー（Wilcoxon-Mann-Whitney）順位和検定

独立 2 標本 t 検定に代わる検定としてのウィルコクソン－マン－ホイットニーによるノンパラメトリック検定は，2 つの母集団から抽出された標本に基づいて，その母集団平均が等しいかどうかを決めるために使用できる。

検定統計量　2 つの母集団から抽出された標本のサイズがそれぞれ n_1，n_2 であるとする。標本中の観測値を，それらが属する母集団と無関係に順位づけ，それぞれの順位を合算する。R_1 が，母集団 1 から採られた観測値についての順位和を表すとしよう（代わりに母集団 2 を使用することもできるが，それは重要ではない）。すると，このノンパラメトリック検定の検定統計量は

$$U = n_1 n_2 + \frac{n_1(n_1+1)}{2} - R_1 \sim \text{Normal}\left(\mu = \frac{n_1 n_2}{2},\ \sigma = \sqrt{\frac{n_1 n_2(n_1+n_2+1)}{12}}\right)$$

である。

仮定条件
- この検定はノンパラメトリックな検定法である。標本が抽出される母集団の分布に関して何ら仮定をしない。
- しかし，各々の標本がそれぞれの母集団をよく代表するものであるためには，両方の標本は偏っていないことが必要であると共に，標本サイズがある程度大きいことが必要である。

> **エクセルを使うと**　エクセルの中には，ウィルコクソン－マン－ホイットニー検定のためのコマンドは存在しない。しかし，この検定統計量は比較的簡単な手順によって計算できる。
> 1. 両方の母集団からの観測値を一緒にして，エクセルのスプレッドシートの**1 つの縦列**に書き込む。隣接した縦列には，各々の観測値がいずれの母集団に属しているものであるかを示すために，母集団の番号（1 または 2）を記入する。
> 2. 「データ」→「並べ替え」という機能を使い，観測値を大きさの順に（最小の観測値を 1 番目にして）並べ替える。観測値の縦列を選択して，「データ」をクリックし，それから「並べ替え」をクリックする。"選択を広げる"というオプションをアクティブにすると，隣接した縦列（母集団の番号）を同時に並べ替えることができる。

3. 観測値の順位を示すもう1つ別の縦列をつくる。最小の観測値に順位1を与え，続いて小さな観測値に順位2を与え，等々と続ける。最大の観測値は順位 $n_1 + n_2$ になる。複数の観測値が同じ値をとって，重複した順位をとることがあり得るが，同じ値をとった観測値に対しての順位は平均値を求めてあてがう。
4. 母集団1から得られた標本に属するすべての観測値の順位を全部足し合わせる。これを実行するためには，3つの縦列全部を，母集団ラベル番号の縦列で並べ替えて，それからエクセルの"=SUM( )"という機能を使って，母集団1からの標本の順位を全部足し合わせる。
5. 検定統計量 U を

$$U = n_1 n_2 + \frac{n_1(n_1+1)}{2} - R_1$$

のように計算する。ここで，R_1 は母集団1からの標本に対する順位和である——2つの母集団のうち，どちらを母集団1と呼んでもかまわない。同じことである。
6. 検定統計量 U は，標本サイズ n_1 と n_2 を用いて計算できる平均 μ と標準偏差 σ を持った正規分布にほぼ近似的に従い，

$$U \sim \text{Normal}\left(\mu = \frac{n_1 n_2}{2},\ \sigma = \sqrt{\frac{n_1 n_2 (n_1 + n_2 + 1)}{12}}\right)$$

である。
7. ウィルコクソン−マン−ホイットニー検定に対する両側検定の p 値は，エクセルで"=2*NORMDIST(-ABS(U), μ, σ, TRUE)"と打ち込むことによって得られる。ここで，U はステップ5で計算した検定統計量の値であり，μ と σ はステップ6で計算した正規分布の平均値と標準偏差である。

例 6.11

ショウジョウバエ属の2つの種，キイロショウジョウバエ（*D. melanogaster*）とオナジショウジョウバエ（*D. simulans*）の生殖活動を調べるため，それぞれの雌の卵巣中にある成熟卵の個数を比べた。それぞれの種から採られた4匹の雌が解剖され，成熟卵が数えられた。その結果が

   D. melanogaster：6 5 6 7
   D. simulans： 8 3 5 4

である。ここで，この2種の雌が持つ成熟卵の個数が平均して同じかどうかを判断したい。

1. 有意水準 $\alpha = 0.05$ を使う。
2. 帰無仮説はショウジョウバエの種によって成熟卵の数に違いはない（平均と分散が同じである）とし，それに対して，両側検定での対立仮説は成熟卵の数が種によって違うとする。

3. それぞれの標本から観測された成熟卵の個数を1行中に記入する。母集団のラベル番号（*D. melanogaster* = 1，*D. simulans* = 2）を隣接した行に記入する。成熟卵の個数を最小数から最大数まで，母集団ラベルも関連づけながら順位づける。同じ値をとって同順位となる観測値は，それらの順位を平均する。そうすると，

観測値	3	4	5	5	6	6	7	8
母集団ラベル	2	2	1	2	1	1	1	2
順位	1	2	3.5	3.5	5.5	5.5	7	8

のように記録される。母集団1（*D. melanogaster*）に対する順位和は$R_1 = 21.5$である。U検定統計量を計算すると，

$$U = 4 \times 4 + \frac{4 \times 5}{2} - 21.5 = 4.5$$

となる。

4. このU検定統計量は，平均値

$$\mu = \frac{4 \times 4}{2} = 8$$

と標準偏差

$$\sigma = \sqrt{\frac{4 \times 4 \times 9}{12}} = \sqrt{12} = 3.464$$

を持つ正規分布に従う。この両側の仮説検定に対するp値は，エクセルに"= 2 * NORMDIST(− 4.5, 8, 3.464, TRUE)"と打ち込むことによって計算でき，$p = 0.000308$となる。

5. この値は有意水準$\alpha = 0.05$よりも小さい。よって，帰無仮説を棄却することができ，成熟卵の平均個数は2つの種で違うと結論できる。

6●3●2　フィッシャー（Fisher）の正確計算検定

フィッシャーの正確計算検定は，独立性に対するノンパラメトリックな統計検定である。分割表が2×2の，標本サイズが小さい特別な場合には，フィッシャー検定は独立性に対してχ^2検定と同じことを達成できる。独立性に対するχ^2検定もそれ自体，分布に関する仮定をしていないので，ノンパラメトリックな統計検定ではある。しかし，χ^2検定は大きな標本サイズを要求するので，標本サイズが小さいときには，フィッシャーの正確計算検定を（多少検出力は劣るが）χ^2検定に代わる選択肢の1つとして使用で

きる。

　観測された度数や，期待される度数が小さい2×2分割表に対し，ある処理がもう一方の処理よりも好ましいかどうかを決めたい。このことは，処理と結果の間に関連があるかどうか問いかけることと同じである。いま，このような2×2分割表を以下のようにする。

	処理1	処理2	行合計
結果1	a	b	$a+b$
結果2	c	d	$c+d$
列合計	$a+c$	$b+d$	$n = a+b+c+d$

検定統計量　組合せの計算法を使い，行合計と列合計を一定に固定したままにして，観測されたデータよりも極端なデータが偶然に得られる確率を計算する。たとえば，上の表と同じ結果をランダムに観測する確率は

$$\frac{\binom{a+b}{a}\binom{c+d}{c}}{\binom{n}{a+c}}$$

である。ここで，たとえば$\binom{a+b}{a}$は3.4.1節で紹介した二項係数である。行合計と列合計は一定に固定したままにして，これらの観測値を，対立仮説をより強く支持するほうへ1ずつシフトして一連の新しい表を作成する。観測値の各シフトごと，すなわちそれぞれの新しい表ごとに対し，極端なデータが偶然に得られる確率が計算できる。こうして得られる新しい表に対する確率の和が，検定のp値である。もし，対象となっているデータに対してあまりに多くの表し方がある場合は，フィッシャーの正確計算検定に代わる計算法として並べ替え検定がある。

仮定条件
- 両方の標本は，それらが（偏りなしに）抽出された母集団を代表していなければならない。
- この検定には，母集団分布についての仮定条件や，標本サイズについての仮定条件が存在しない。しかしながら，標本サイズが非常に小さいときには，この検定の検出力は非常に低くなる。

例6.12
　根腐れ病は，米国の木によく発生する病気である。ある菌が木に感染して根を腐らせ，ついには木を枯らしてしまう。研究者がある小都市の公園で，感染した木と健康な木の本数を数えた。この公園には12本のプラタナスの木があり，そのうちの11本が感染していることが明らかになった。また同公園には8本のトネリコの木があり，そのうちの2本が感染していた。明らかに，プラタナスの木のほうがトネリコの木よりも感染

しやすい傾向があると予想される。では、根腐れ病と木の種類との関係を、p値で定量化できるだろうか？

	感染	健康	合計
プラタナス	11	1	12
トネリコ	2	6	8
合計	13	7	20

フィッシャーの正確計算検定の帰無仮説は、根腐れ病と木の種類が互いに独立であることである。たとえ菌が両方の種類の木に等しい確率で感染するとしても、公園にある13本の感染している木のうちの11本（あるいは、より多くの本数）がたまたまプラタナスであった可能性がある。実際には、木の感染パターンがちょうどそのように観測される確率は、

$$\frac{\binom{12}{11}\binom{8}{2}}{\binom{20}{13}} = 0.00433$$

である。p値は、帰無仮説が真であるとして、より極端なデータがたまたま得られる確率である。この例におけるより極端なデータとは、さらに多くのプラタナスの木が感染し、トネリコの木の感染がさらに少ないことであり、

	感染	健康	合計
プラタナス	12	0	12
トネリコ	1	7	8
合計	13	7	20

のような状況である。この結果についての確率は、

$$\frac{\binom{12}{12}\binom{8}{1}}{\binom{20}{13}} = 0.000103$$

である。行合計と列合計を一定に固定したままで、これよりさらに極端なデータを作成することは不可能である。こうして、帰無仮説に対してのp値は

$$p = 0.00433 + 0.000103 = 0.00443$$

となる。このp値は小さい（$< \alpha = 0.05$）ので、帰無仮説を棄却して、菌の感染と木の種類との間に関連があると結論する。

6●3●3　並べ替え検定

　帰無仮説が2つの母集団の間に（平均，分散，分布などにおいて）全く差がない状況を表すときには，この2つの母集団から抽出される観測値は完全に交換可能な量であると想定できる。母集団分布がどのようなものであるかについて仮定することなしに（それらが**同じ**であることだけを仮定して），観測されたデータに関して多くの異なる並べ替え（すなわち順列）を考え，並べ替えられたデータ集合ごとに検定統計量を計算することによって，検定統計量の従う確率分布が得られる。観測値を並べ替えることは，グループ同定のラベルをランダムに再配置することともみなせる。たとえば，標本サイズnの場合，グループ同定のラベル，すなわち指標もn個存在する。全部のラベルを帽子に入れて重複なしで取り出し，観測値にランダムに割り振れば，データの1つの順列ができる。こうした操作を繰り返すことによって，多くの並べ替えられたデータ集合を作り出すことを思い浮かべることができるだろう。

　理論的には，標本平均の差を表す任意の検定統計量関数をこの並べ替え検定に使うことができる。しかし，慣例的な検定統計量関数（たとえば，2標本t検定の検定統計量）が使われることが多い。込み入った検定統計量や，大きな標本サイズの場合，計算はすぐに膨大になる（無数の可能な順列を考察しなければならない）。もし順列の取り得る並べ替え個数があまりに多ければ（10個の処理と10個の対照を並べ替えるだけでも，すでに184,756通りがある），それらの順列のうちの，ランダムな部分集合を代わりに考察することができるだろう。統計学者は，この部分集合を考察する方法を**モンテカルロ法**と呼んでいる。並べ替え検定についての唯一の制限は，帰無仮説の下で，2つの母集団の分布（位置と形状の両方について）が同じでなければならないということである。たとえば，もし2つの母集団が等分散を持たなければ，個々の個体をランダムに並べ替えることができないことになる。

　いったん並べ替えられたデータ集合が作成され，それぞれのデータ集合ごとに検定統計量が計算されれば，その結果として得られる検定統計量の値が最小値から最大値まで並べられる（すなわち，順位づけられる）。すると，その$(1-\alpha)\times 100\%$分割点の値は，順序づけられた並べ替え検定統計量の$(1-\alpha)\times 100$パーセンタイルとみなせる。元々のデータから計算される検定統計量の値が，この分割点の値と比べられる。元々のデータの検定統計量の値が，データを並べ替えてから得られる分割点の値よりも大きいときには，関連がない（すなわち，ランダムである）とする帰無仮説を棄却し，対立仮説のほうを選ぶことになる。

例6.13

　標準培地と，トコフェロール（ビタミンE）を添加した培地との両方で細菌を培養した。それぞれの培養シャーレで，あらかじめ決められた時間の経過後に，細胞分裂の数が計測された。平均の増殖細胞数が両方の条件下で同じかどうかを調べるために，並べ

替え検定を実行する。データは標準培地での6個の観測値と，ビタミンEを添加した培地での4個の観測値とで構成されている。

標準培地	45	110	63	55	67	75
ビタミンEを添加した培地	100	60	72	51		

ここでの帰無仮説は両方の処理に対する平均値が同じであるということである。両方の分布は同じ形状と同じ分散を持つと仮定することが妥当であると考えられるから，並べ替え検定を実行することは可能である。10個の観測値を，それぞれのサイズが4個，6個の2つのグループに整理しなおすには$\binom{10}{6}$=210通りの異なる組合せがある。その結果として210個の検定統計量の値が得られ，これが帰無仮説の下での検定統計量の分布を表すことになる。

	グループ1						グループ2				$\bar{x}_1$	$\bar{x}_2$
元々のデータ	45	110	63	55	67	75	100	60	72	51	69.167	70.75
順列1	75	67	55	72	45	63	110	60	100	51	62.833	80.25
順列2	72	55	60	51	45	110	63	75	67	100	65.5	76.25
順列3	60	45	63	55	67	51	110	100	72	75	58.833	89.25
⋮												⋮
順列210	72	110	100	67	63	45	75	51	55	60	76.167	60.25

2つのグループの平均値を比べるため，等分散の仮定での独立2標本t検定を適用し，そのための検定統計量関数

$$\frac{\bar{x}_1 - \bar{x}_2}{\sqrt{\frac{(n_1-1)s_1^2+(n_2-1)s_2^2}{n_1+n_2-2}\left(\frac{1}{n_1}+\frac{1}{n_2}\right)}}$$

を使用する。しかしながら，t検定の場合とは違って，この検定統計量の分布に関しては何ら事前の仮定をしない。むしろ，データがとり得るすべての順列から生まれる210個の検定統計量の値を計算して，**それらの値の分布**（図24）を使い元々の観測値の集合に対するp値を導く。

元々の観測値の集合に対してここで使用される検定統計量の値は－0.111である。この例での並べ替え検定に対するp値は，検定統計量がより極端な値をとる（－0.111より小さいか，＋0.111より大きいか，そのいずれかの値をとる）ように並べ替えられた標本の生じる割合である。このp値（p=0.908）は大きいので，2つの処理における平均値が同じであるとする帰無仮説を棄却できない。

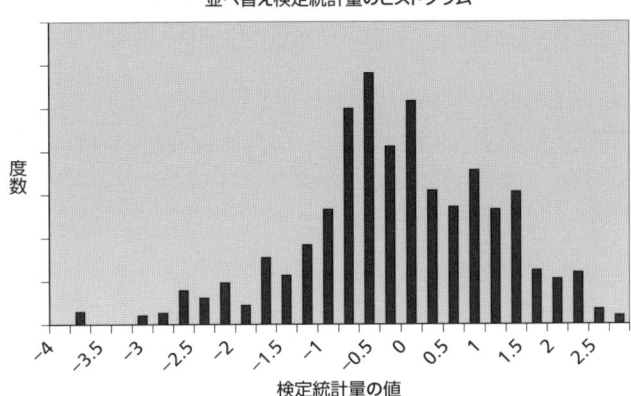

並べ替え検定統計量のヒストグラム

図24　観測値のそれぞれの順列に対し，グループごとの平均値と標準偏差が再計算される．これらの統計量の値に基づいて，並べ替え検定統計量の値が各順列ごとに再計算される．この並べ替え検定統計量の値がヒストグラムで示されている．この検定のp値は，検定統計量が元々のデータで観測される値よりも極端な値をとる割合である．

> **メモ**　順列がとり得る個数が非常に大きいときには，すべての並べ替えで実際に計算する必要はない．その代わり，多数個（≧1000）の**ランダムな**順列について，すなわち，多数の順列をランダムに選んで計算すれば十分である．こうした方法は一般に，モンテカルロ法と呼ばれる．

6・4
E 値

　生物学における応用では，その最も有名なものとしてはBLAST（類似配列検索ツール）などがあるが，p値に加えて，あるいはp値のかわりに，E値（期待値）と呼ばれる量が検索結果と共に返ってくることがある．E値とp値との意味の違いは何だろうか？　この場合の"E"は"expect"を表し，与えられているデータベースの中での検索結果で，クエリ（問い合わせ）DNA配列と同じかそれ以上のスコア（類似度）を持つDNA配列の平均ヒット数を表す．BLAST検索での帰無仮説は，クエリDNA配列が，データベース中において1つもマッチしないランダムなDNA配列であるということである．スコアの計算は，クエリDNA配列と，データベース中のすべてのDNA配列の対ごとに行われる．高い類似性を持った配列は高いスコアを得ることになる．

　BLAST検索では，データベース中で高いスコアを示した配列が，それぞれのE値と共

に返されてくる。E 値は，データベース中におけるランダムなマッチで，どれくらいの数の DNA 配列が観測されたスコアを上回るようなスコアを獲得すると期待できるか，をカウントした値である。また，E 値は，データベースのサイズを考慮して計算される値である。p 値の 0.99326 と 0.99995 の間の違いを解釈するよりも，E 値の 5 と 10（データベース中で 5 個，あるいは 10 個のランダムなマッチが期待される）の違いを解釈するほうが容易である。大きな E 値は，データベース中にランダムなマッチが見つけ出される可能性が高いことを意味している。それゆえ，このことは，観測されたスコアの結果が真のマッチであることが疑わしいことを意味する。

メ　モ　p 値と E 値との間には次の式
$$p = 1 - e^{-E}$$
の関係がある。非常に小さな値（$E < 0.01$）の場合，p 値と E 値は実質的に同等とみなすことができる。

---

7 回帰と分散分析（ANOVA）

多くの実験では，複数の変数が同時に観測され，それらの関係についてより多くのことを知ることが目的となる。これらの変数の中には，実験者によって指定できる変数（たとえば，実験における処理条件や対照条件，生物体の選択）もあれば，その応答として観測できる変数もある。一般に，実験者によって変えることのできる変数（たとえば，生物体の系統，培養条件，処理など）は**説明変数**あるいは**予測変数（予測子）**と呼ばれる。応答として測定・観察される変数は，それが実験で主たる興味のある量であるならば**応答変数**と呼ばれ，実験で測定されるが主たる興味のある量でないならば説明変数と呼ばれる。

実験について何らかの結論を引き出したり，今後の実験に関する予測を行ったりするためには，変数の個数とタイプ（カテゴリー変数か，量的変数か）によって異なる統計モデルを観測値に適合させる必要がある。一般に，1つの量的応答変数を持つ統計モデルを**単変数モデル**と呼び，2つ以上の応答変数を持つ統計モデルを**多変数モデル**と呼ぶ。多変数モデルは応答変数間の関連を考慮しなければならないので，単変数モデルよりもかなり複雑なものとなる。本書ではここまで，またこれ以降も，1つ以上の予測変数に関して，1つの応答変数が観測されるような，単変数モデルのみに焦点を合わせている。

回帰と分散分析（ANOVA）は，最もよく使用される統計手段である。これらには共通点が多い（7.3節を参照）が，大きく違うのは変数のタイプである。回帰モデルでは，1つ以上の量的予測変数に関する線形関数に**独立な誤差項**を加えた式により，量的応答変数を書き表すことができる。統計的推計は，モデルのパラメータ値を見積もったり，信頼区間を与えたり，仮説検定を実施したりすることを含んでいる。このモデルは，誤差項の確率分布について仮定を施すことになり，結論を引き出す前にその仮定を検証する必要がある。回帰解析からのデータはよく，散布図で表示される（図25の左図）。

応答変数が量的であり，予測変数がカテゴリー的である場合には，**分散分析（ANOVA）モデル**が使用される。このモデルでの主たる問いかけは，カテゴリー予測変数のレベル値の変化が，平均的な応答へ有意な影響を与えるか否かということである。この問いかけに答えるため，グループ平均値の間の変動を，グループ内での変動と比べる（図25の右図）。

7 回帰と分散分析（ANOVA）

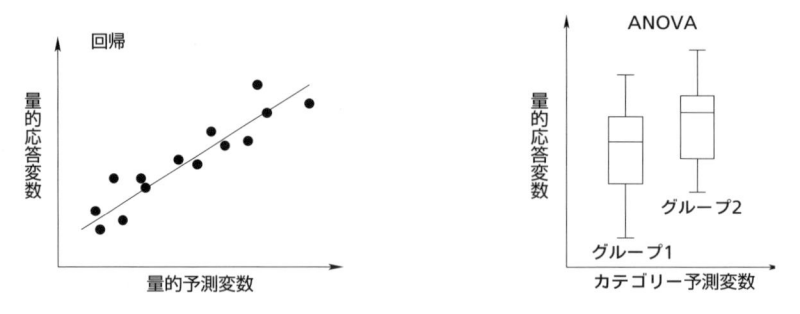

図25 （左図）回帰モデルでは，量的応答変数を1個以上の量的予測変数を用いて表現する。（右図）分散分析モデルでは，量的応答変数を1個以上のカテゴリー予測変数を用いて表現する。

モデル	応答	予測子
一元配置分散分析モデル	1つの量的応答変数	1つのカテゴリー予測変数
二元配置分散分析モデル	1つの量的応答変数	2つのカテゴリー予測変数
回帰	1つの量的応答変数	1つの量的予測変数
重回帰	1つの量的応答変数	2つ以上の量的予測変数
ロジスティック回帰	1つのカテゴリー応答変数	1つ以上の量的予測変数

　実験においてすべての変数がカテゴリー的である場合には，統計的推計は通常，変数間の関連を χ^2 検定によって評価することになる（6.2.5節を参照）。

7•1

回帰

　最も簡単な統計モデルは，1つの量的応答変数を予測するのに，1つの量的予測変数を使う場合である。これは**線形回帰モデル**と呼ばれる。3.8節で，相関係数 r を2つの量的変数間の関連の強さに対する統計的測度として使用したことを思い出そう。2つの変数の関連が強いときには散布図プロットにおいて，データ点は1本の直線によって近似される。便宜上，応答変数が y 軸上に，説明変数が x 軸上にプロットされる（図26）。
　どんな直線がデータ点を最も良く近似するのか？　この決定をするためにはいくつかの方法がある。断然人気のある方法（そして，エクセルで実行できる方法）は**最小二乗回帰**である。この場合の直線は，データ点とその直線との間の垂直距離を二乗した総和が最小となるものとして求められる。観測値と，対応する予測値との間の距離は**残差**と呼ばれる（図26を参照）。ある回帰モデルが良いモデルであるとみなされるためには，残差は，予測変数の変域にわたってほぼ一定の標準偏差 σ を持った正規分布に従うべきである。

7・1 回帰

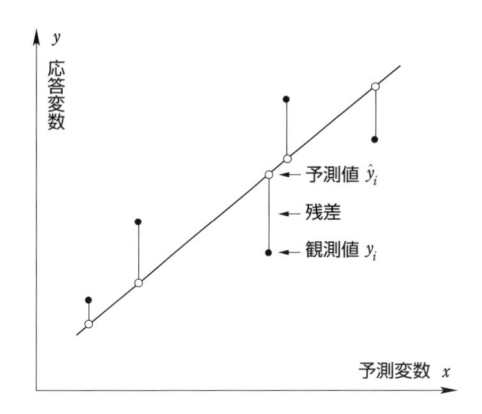

図26 最小二乗回帰では，二乗した残差についての総和が最小になるように直線がひかれる。

回帰直線式 直線に対する数式は

$$y = b_0 + b_1 x$$

である。ここで，y と x はそれぞれ応答変数と予測変数であり，b_0 は直線の**切片**，b_1 は直線の**傾き**である。

　実験誤差のため，ほとんどの観測値は完全に直線上に位置することはないだろう。それゆえに観測値 y_i は，x に依存した平均 μ_y と標準偏差 σ とを持った正規分布から抽出された観測値としてモデル化される。残差の項 ε_i は，観測値 y_i の平均値 μ_y の周りの変動を表している。これらの残差は，平均値 0 と一定の標準偏差 σ とを持った正規分布に従うと仮定される。すなわち，

母集団：　$y_i \sim \mathrm{Normal}(\mu_y, \sigma^2)$，ここで $\mu_y = \beta_0 + \beta_1 x$ である。
標本：　　$y_i = b_0 + b_1 x_i + \varepsilon_i$

とモデル化できる。最小二乗回帰直線を観測値に適合させることによって，切片の推定値 b_0，傾きの推定値 b_1，そして残差標準偏差の推定値 $\hat{\sigma}$ が（エクセルで）計算できる。

> **エクセルを使うと**　予測変数の観測値，応答変数の観測値をワークシートの2つの縦列に書き込む。同一の個体についての観測値は同じ行に位置する必要がある。「データ」→「データ分析」→「回帰分析」とクリックする。応答変数（y）を選択し，予測変数（x）を選択する。「観測値グラフの作成」を選べば，エクセルは回帰直線を出力する。モデルの適合性をチェックするために（推奨！），「残差グラフの作成」と「正規確率グラフの作成」のチェックボックスを選ぶことによって，残差が一定の分散を持って正規分布しているかどうか（7.1.6節を参照）を確かめることができる。

7 回帰と分散分析（ANOVA）

相関と回帰

2つの量的測定値の集合についての相関係数が1か−1かに近いほど，2つの変数間の関連は強くなる。回帰の点から見ると，強い関連は，2つの測定値のデータ点が最小二乗回帰直線の近くに位置することを意味している。統計的には，相関係数の二乗 r^2 は，応答変数 y の変化のうちで，予測変数 x で説明できる（すなわち，y を x の上へ回帰することによって説明される）変化の部分を示している。

> **エクセルを使うと** エクセルで回帰分析を実行すると，結果が3つの表にまとめられて出力される。回帰統計表は，相関係数と，説明可能な変動の割合についての情報を含んでいる。ここで，「重相関R」は予測変数と応答変数とについての相関係数 r である。「重決定R2」は相関係数を二乗した値 r^2 である——この数値は応答変数の変動のうち，予測変数を通じて説明される変動の割合を表している。r^2 が高い値（1に近い値）をとることは，予測子が応答をよく推測できることを意味する。「補正R2」は，線形重回帰（7.1.4節を参照）の場合に対してだけ意味を持つ量である。「標準誤差」は残差標準偏差の推定値 $\hat{\sigma}$ であり，「観測数」は回帰分析で使用されたデータ対の個数 n である。

概要	
回帰統計	
重相関 R	相関係数 r
重決定 R2	相関係数の二乗 r^2
補正 R2	予測子の数に対して補正された r^2
標準誤差	残差標準偏差の推定値 $\hat{\sigma}$
観測数	データ対の個数 n

7・1・1 パラメータ推定

エクセルによって計算されるモデルパラメータの値 b_0 や b_1，そして $\hat{\sigma}$ は，当然データに依存する。同様な条件下で実験を繰り返しても，観測値が完全に同じ値をとるとは期待できない。それぞれの測定誤差が（僅かに）違った推定値をもたらす。こうした意味でモデルパラメータは確率変数であり，それらについて統計的な問いかけをすることが可能である。とくに，パラメータに対する信頼区間を定式化したり，仮説検定を行ったりすることができる。

7・1 回帰

> **エクセルを使うと** エクセルで回帰分析を実行すると，モデルパラメータの推定値が計算され，表として提示される。係数の表には，切片の推定値 b_0 と傾きの推定値 b_1 とが含まれている。同じ表の右側のほうの縦列には，それらのパラメータに対する（通常使われる）95%信頼区間での下限値と上限値とが示されている。残差標準偏差の推定値 $\hat{\sigma}$ は，回帰統計表の「標準誤差」の列から読み取ることができる。分散分析表の中で MSE（平均二乗誤差）セルは，推定された残差分散 $\hat{\sigma}^2$ を提示している。

分散分析表	自由度	変動	分散	観測された分散比	有意F
回帰	1	SSM	MSM	F 検定統計値	p 値
残差	$n-2$	SSE	MSE		
合計	$n-1$				

	係数	標準誤差	t	P-値	下限95%	上限95%
切片	b_0	SE_{b0}	t 統計量	p 値	b_0 に対する95%信頼区間	
X値1	b_1	SE_{b1}	t 統計量	p 値	b_1 に対する95%信頼区間	

　線形回帰分析で計算された傾きの推定値 b_1 はどう解釈されるべきだろうか？　予測変数 x の1単位ごとの増加に対し，応答変数 y は平均して b_1 単位で増加する。回帰モデル中で1個以上の変数の測定単位を変更したような場合（たとえば，インチからcmへの変更）には，このことがすべての回帰パラメータの値に影響を及ぼすことになるので，新たなパラメータ推定値を得るために再度回帰分析が必要となる。

7・1・2　仮説検定

　回帰モデルのモデルパラメータに関して最も重要な問いかけは，本当にそれらのモデルパラメータが必要か否かということである。パラメータの値が0ならば，それはモデルに含まれる必要がない。エクセルの計算結果で返される係数表の中の p 値は，パラメータの値が0であるという帰無仮説に対応したものである。傾きの p 値が小さな値をとるならば，対応する傾きは0と有意に違っている。つまり，その傾きに関係する予測変数は，応答変数へ有意な影響を及ぼしていることになる。他方，傾きの p 値が大きな値をとるときには，その傾きは（ほぼ）0である。この場合，傾きに関係する予測変数は，応答へほとんど影響を及ぼしていない。傾きに対して大きな p 値を持つ予測変数は，回帰モデルから除外できることになる（7.1.5節を参照）。

例7.1

　カリフォルニア大学デーヴィス校の研究者が，有機栽培や普通の化学肥料で育てられたトマトの中に含まれるフラボノイドと，その作物に使用された肥料中に含まれる窒素量との関係を調べた。堆肥のような有機肥料は，市販用に製造された化学肥料よりも窒

7 回帰と分散分析(ANOVA)

素量がかなり少ない。研究者は，$n=6$年間にわたり，フラボノイド化合物のケンペロール量(単位mg/g)と，窒素の適用量(単位kg，1ヘクタール／1年当たり)について測定した。比較のため，トマトは同一の環境条件にある隣り合った区画で育てられた。その測定結果は次のようなものである。

窒素量	ケンペロール量
446	43
347	48
278	56
254	67
248	90
232	86

窒素量を予測変数(x)，ケンペロール量を応答変数(y)として，線形回帰モデルをエクセルを使って適用すると，出力結果が図27のように得られた。

概要

回帰統計	
重相関R	0.82683143
重決定R2	0.68365021
補正R2	0.60456276
標準誤差	12.3354874
観測数	6

分散分析表

	自由度	変動	分散	観測された分散比	有意F
回帰	1	1315.34301	1315.34301	8.64423161	0.0423846
残差	4	608.656994	152.164248		
合計	5	1924			

	係数	標準誤差	t	P-値	下限95%	上限 95%
切片	124.656117	20.906058	5.96267916	0.0039723	66.611594	182.700639
窒素	-0.1983029	0.0674475	-2.9401074	0.0423846	-0.3855671	-0.0110386

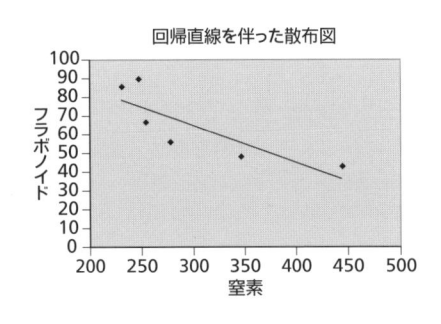

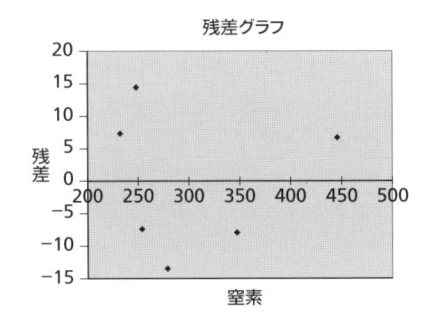

図27 線形回帰の例で作成されたエクセルの出力結果。出力結果には，概要の表，分散分析表，そして係数の表と共に，回帰直線グラフと残差グラフとが含まれている。

この出力結果を解釈すると，土壌中の窒素濃度は，トマトの中に含まれるフラボノイド含有量に対して有意な（$p=0.042$）予測子であるといえる。フラボノイドの変化の68.37％が窒素濃度の変化で説明される。窒素量に対する回帰係数が負の値（$b_1 = -0.198$）をとっているので，より多くの窒素が土壌に加えられると（すなわち，市販用に栽培されているトマトでは）フラボノイド含有量は**減少する**ことが分かる。これは，1ヘクタールの土壌に1kgの窒素が加えられるごとに，フラボノイド含有量が平均して1gのトマト当たり0.19mg減少していくことを意味している。

この例では問題の性質上，切片のパラメータを解釈することは意味がない。理論上では$b_0=124.66$が，窒素が全くない状況で育てられた作物に含まれるフラボノイド含有量である。しかし，こうした状況下では作物は全く育たないだろうから，切片b_0の値についての解釈はここでは意味がない。

この例において統計モデルの仮定条件が満たされているかどうかをチェックするために，残差を調べる必要がある。観測数（$n=6$）がやや少ないので，残差グラフの中の規則性を見定めることは難しい。残差のPPプロット（ここでは示されていない）が，残差の正規性をチェックするために使用できる。観測数が少ないので，ここでも残差のPPプロットの中の規則性を見定めることは難しいだろう。

7・1・3　ロジスティック回帰

2値をとるカテゴリー応答変数（たとえば，対象者の生存／死亡や，実験の成功／失敗など）が，1個以上の量的予測変数から推測される場合を考えてみよう。ここで最も興味があるのは，予測変数xについて与えられたあるレベル値に対する成功の（対象者が生存している，あるいは実験が成功した）確率pである。応答変数は2値をとるだけだから，線形回帰モデルを直接適合させることはできない。その代わりに，ある特定の予測子レベル値で実験が実行されたとき，応答が成功となる**確率**を考える。線形回帰モデルをこの確率のロジット（logit）関数に適合させて，

$$\mathrm{logit}(p_i) = \ln\left(\frac{p_i}{1-p_i}\right) = b_0 + b_1 x_i$$

とする。ここでp_iは，実験が予測子レベルiで実施された場合に，成功が観測される割合である。x_iは，個体iや，試行iに対して予測変数のとる値を示す。そしてこのx_iは，1つの成功に対して$p_i=1$を生じさせ，1つの失敗に対して$p_i=0$を生じさせる。

例7.2

ロジスティック回帰分析はエクセルには備え付けられていないが，多くの他のソフトウェアプログラム（R，SPSS，Minitabなど）には備え付けられている。出力結果は，ロジット関数に対する回帰係数b_0，b_1として提示される。成功確率pは，上述のモデル

方程式を p に対して解くことによって推定され，

$$\ln\left(\frac{p}{1-p}\right) = b_0 + b_1 x \quad \Leftrightarrow \quad p = \frac{e^{b_0+b_1 x}}{1+e^{b_0+b_1 x}}$$

のように求められる．

7・1・4 線形重回帰

1つの量的応答変数の振舞いを説明するのに，2つ以上の量的予測変数が使用されることがある．たとえば，ある1つの量的形質遺伝子座（QTL）を推測するのに，いくつかの遺伝子マーカーを使用することもあるだろう．k 個の予測変数 $x_1, \cdots, x_k$ と，1つの応答変数 y を持った重回帰に対する回帰モデルは

母集団： $y \sim \text{Normal}(\mu_y, \sigma^2)$, ここで $\mu_y = \beta_0 + \beta_1 x_1 + \cdots + \beta_k x_k$
標本： $y_i = b_0 + b_1 x_{i1} + \cdots + b_k x_{ik} + \varepsilon_i$

である．線形回帰モデルの場合と同様，応答変数 y は，平均 μ_y と一定値の分散 σ^2 を持って正規分布に従う確率変数としてモデル化される．平均 μ_y は k 個の予測変数の一次結合として表される．なお，ただ1つの切片 b_0 が存在するが，線形回帰モデルの場合とは違って，ここでは k 個の傾き $b_1, \cdots, b_k$ がそれぞれの予測変数に対応して存在する．ε_i は残差であって，この重回帰モデルでは平均0と一定の標準偏差 σ を持った正規分布に従うものと仮定する．

表記法 線形重回帰モデルの場合，表記法は
- y_i 応答変数の i 番目の観測値
- $\hat{y}_i$ 予測子の値が与えられたとして，i 番目の観測で期待される応答変数の推定値
- x_{ij} 予測変数 j についての i 番目の観測値

を採る．

> **エクセルを使うと**
>
> 線形重回帰分析は，線形回帰分析と非常に類似している．予測変数の観測値と，応答変数の観測値をワークシートの縦列にそれぞれ書き込む．それぞれの縦列に適当な名称をつける．「データ」→「データ分析」→「回帰分析」とクリックする．命名ラベルを含んで（もし適当なら「ラベル」のボックスをチェックしておく）応答変数 y を選択し，そしてすべての予測変数 ($x_1, \cdots, x_k$) を選択する．線形重回帰モデルの仮定条件をチェックする（推奨！）ためには，「残差」，「残差グラフの作成」，「正規確率グラフの作成」のチェックボックスを選ぶ．

7・1 回帰

　エクセルでの線形重回帰分析の結果は，3つの表で出力される（図28）。回帰統計表は重回帰の相関係数を提示する。その相関係数を二乗した値は，モデルの予測子によって説明できる応答の変化の割合である。「標準誤差」は残差標準偏差の推定値$\hat{\sigma}$，nはこの線形重回帰分析で使用された「観測数」である。

　重回帰分析に対して実施できる1つの（悲観的な）仮説検定は，予測子のいずれかが応答へ効果を持っているか否かということである。これは次の帰無仮説

$$H_0: \beta_1 = \beta_2 = \cdots = \beta_k = 0 \text{（すべての傾きが0に等しい）}$$

を検定することに対応する。この帰無仮説が，予測子のうち少なくとも1つが0でない傾きを持つという対立仮説に対して検定される。このF検定に対する検定統計量と，対応するp値とが，回帰分析の出力結果の分散分析表の中に見出される。分散分析表の「有意F」の縦列にあるp値が小さいときには，それはモデル中のk個の予測子のうちの少なくとも1つが応答へ効果を持つことを意味する。このp値が大きい値をとる（これは稀に起こる）ときには，実験がうまく計画されておらず，観測された予測子のいずれも応答へ有意な影響をもたらしていないことを意味する。分散分析表はまた，MSE（平均二乗誤差）の項を含んでいるが，これは残差分散の推定値$\hat{\sigma}^2$である。

　出力結果（図28）の3番目の表は，切片と個々の傾きの推定値$b_0, b_1, \cdots, b_k$を含んでいる。その表はまた，切片と傾きの推定値に対する95％信頼区間を報告している。加えて，切片と各々の傾きをそれぞれチェックし，それが0に等しいか否かを問いかける帰無仮説

$$H_0: \beta_j = 0$$

の下での，t検定についてのp値も報告している。ある傾きに対するt検定が小さなp値を持つときには，対応する予測子は応答へ有意な効果をもたらしており，この予測子が

概要						
	回帰統計					
重相関R						
重決定R2	説明できる変化の割合					
補正R2						
標準誤差	$\hat{\sigma}$					
観測数	n					
分散分析表						
	自由度	変動	分散	観測された分散比	有意F	
回帰	k	SSM	MSM	F検定統計値	p値	
残差	$n-k-1$	SSE	MSE			
合計	$n-1$	SST				
	係数	標準誤差	t	P-値	下限95%	上限95%
切片	b_0	SE_{b0}	t統計値	p値	信頼区間の下限	信頼区間の上限
予測子1	b_1	SE_{b1}	t統計値	p値	信頼区間の下限	信頼区間の上限
予測子2	b_2	SE_{b2}	t統計値	p値	信頼区間の下限	信頼区間の上限
予測子3	b_3	SE_{b3}	t統計値	p値	信頼区間の下限	信頼区間の上限

図28　$k=3$の予測変数とn個の観測数の線形重回帰分析を実行した後に，エクセルで作成される出力の概略図

回帰モデルの項として含まれるべきことを意味している。他方，p値が大きな値をとるならば，その傾きは（ほぼ）0であり，対応する予測子を回帰モデルから取り除くことができることを意味する。

7•1•5　回帰でのモデル構築——どの変数を使うべきか？

　良い統計モデルとは，できるだけ単純でありながら，同時に高い説明能力を持っているモデルである。回帰分析における単純さとは，使用する予測変数を可能な限り少なくすることを意味する。モデルの説明能力は，予測子を通して説明できる応答の変化の割合（R^2）で計量される。モデルに予測子を追加することは説明能力を改善するだろうが，R^2が少し増加するくらいではパラメータを1つ加えるだけの価値はないだろう。

　エクセルの回帰統計表の「補正R2」では，予測変数の数と，モデルの説明能力とが勘案されている。これは，良好な回帰モデルを選択するためのツールとして使うことができる（「補正R2」の最も高いモデルを選び出す）。

一般的な方策　良好な重回帰モデルを構築することとは，応答に対して高い予測能力を持つ，最小の予測変数の部分集合を選択することを意味する。最良の回帰モデルを求めるために，収集したデータの全ての予測変数を使用することから始めるとしよう。そうして，線形重回帰モデルを適合させる。

1. R^2を見る。すべての予測子を使ったモデルは最高のR^2を持つだろう。
2. 分散分析表のF検定に対するp値を見る。このp値が小さい（0.05より小さい）場合のみ，先へ進む。
3. 個々の予測子の，t検定に対するp値を見る。小さなp値は良好な予測子に対応していて，大きなp値はあまり良好でない予測子に対応している。
4. 最悪の（最大のt検定p値を持った）予測子を取り除き，モデルに残った予測子を再び適合させる。1. へ戻ってやり直す。

　すべての予測子が有意になり（すべての傾きが0.05より小さなp値を持ち），さらなる予測子の排除がR^2の大きな減少を引き起こすようになったら，この手順を終了する。最終的に選んだ予測変数に対してモデルを再度適合させることを忘れないようにしよう。使用される予測子の集合のあらゆる変化が，傾きと残差に対する推定値を変化させることになるだろう。そして，最終的なモデルに対して計算された残差について，仮定条件（残差に関する正規性と一定分散，この点は7.1.6節で考察する）をチェックする。

7・1・6 仮定条件の検証

あらゆる統計モデルは，確率分布に関するある種の仮定条件に基づいている。信頼区間，仮説検定，そして実験の予測などの分析から引き出されるすべての推論は，それらの仮定条件が（適度に）**満たされている場合にのみ**有効である。仮定条件が満たされているかどうかにかかわらず，ソフトウェアを使った回帰分析の計算は常に実行可能ではある。結論を利用する（あるいは発表する）前に，モデルが本当に有効であるか否かをチェックすることは研究者の責任である。

> **メモ** 回帰モデルおよび分散分析モデルにおける仮定条件は，残差の項 ε_i が，平均値 0 と一定の分散 σ^2 を持った正規分布に従っているということである。

モデルの定式化の過程から，残差項は自動的に平均値 0 を持つ。こうして，残差項の正規性と一定分散という，チェックすべき 2 つの仮定条件が残される。

正規性の仮定条件 エクセルの回帰分析では，回帰のメニュー下で「残差」ボックスをチェックしていれば，残差の値が出力される。エクセルによって作成される**正規確率グラフ**を，残差の正規性の大まかな手引きとして用いることができる。より好ましいのは，代わりに残差の PP プロットや，QQ プロットを作成する（3.4.3 節を参照）ことである。これら 3 つのすべての場合で，正規分布した残差は直線（PP プロットや QQ プロットを選んだ場合は 45°の直線）の近くに位置していなければならない。そこで強く S 字形が見受けられるようなときは，残差項は正規分布していないという合図である。

一定分散の仮定条件 残差がほぼ一定の分散を持っているかどうかをチェックするため，エクセルを使っていわゆる**残差グラフ**を作成する。残差グラフでは，残差の値が予測変数（または，応答変数）に対して，散布図の形でプロットされる。回帰のメニューの中で「残差グラフ」のチェックボックスを選択していれば，エクセルは自動的に残差グラフを予測変数に対して作成する。残差グラフでどんな種類の規則性が現れるか見てみよう。V 字形，U 字形，S 字形などは，残差の分散が一定でないことを示す指標である（図 29）。

7・1・7 回帰における外れ値

時々，少数の観測値が，それ以外のデータが従う全体的な回帰のスキームに適合しな

7 回帰と分散分析（ANOVA）

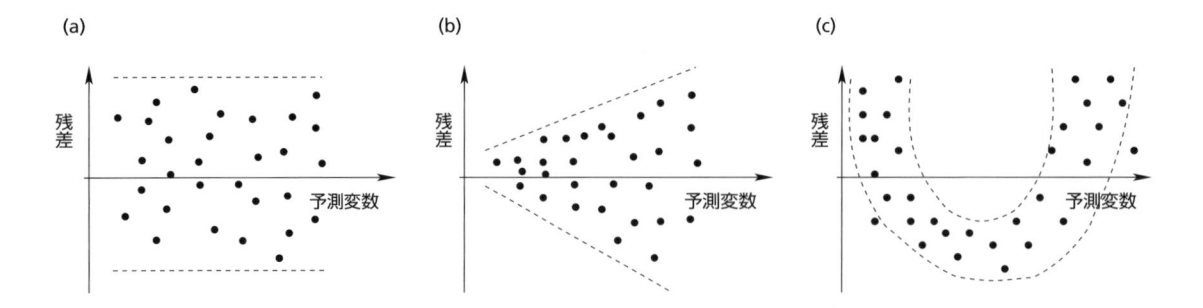

(a)　(b)　(c)

図29　誤差項についての一定分散の仮定条件をチェックするため，残差グラフを作成する。残差グラフに規則性がない(a)のような場合には，一定分散の仮定条件が満たされている。残差グラフに(b)のようなV字形のパターンとか，(c)のようなU字形のパターンが見られる場合は，一定分散の仮定条件が満たされていないことを示している。

いことがある。これらの観測データ点は 外れ値と呼ばれる（図30を参照）。回帰分析において，あるデータ点を外れ値と呼ぶかどうかの決定は，主観的な問題である。この決定をするためには，残差グラフ（7.1.6節を参照）を考察することが役に立つ。ある残差が残りの観測値によって示される規則性の外側にあるようなときには，その残差に対応する観測値は外れ値と考えることができる。

統計データ分析から外れ値を除外するかどうかを決めるためには，いくつかの事項を考察する必要がある。

1. 外れ値は統計モデルに対し影響を及ぼすのか？　これは，データ分析が2度――1度目は全データ集合に対して，もう1度は外れ値を省いたデータ集合に対して――実施されたなら，2つの分析でモデルパラメータ（R^2，σ，傾き，傾きに対するp値など）の推定値は大きく変化するかどうかということである。あまり大きな変化がないときには，外れ値が含まれているか否かは（あまり）問題とならない。その判断が難しいときは，保守的な立場をとって（外れ値の可能性が潜在する場合でも）すべての観測値を含めるようにする。
2. 測定値をとったとき発生した何らかの誤差のために，観測値が規則性に従っていないと考えることはできるだろうか？　この観測値を置き換えるために実験を反復する（これが推奨される）ことは可能だろうか？　もし何らかの技術的誤差が確定できて，その外れ値が結果へ影響を及ぼしているならば，この技術的誤差による事項はデータ分析から除外することができる。
3. 何らかの生物学的効果が，観測値をその他のものとは全く違ったものにしていると考えることはできるだろうか？　このような場合には，たとえその観測値が結果へ影響を及ぼしていても，生物学的効果による事項は**除外するべきではない**。その代わり，この生物学的効果を組み込むようにモデルを調整する必要がある。

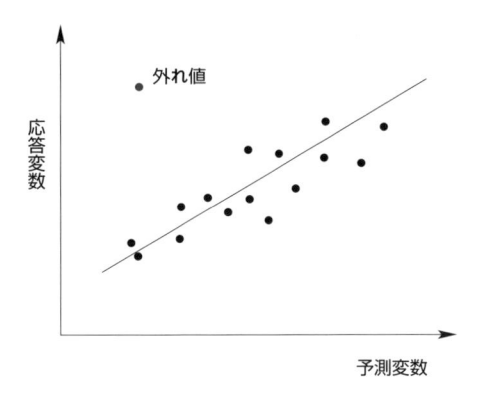

図30 データ点のうち，それ以外のデータに対する回帰モデルにうまく適合しないようなデータ点は外れ値と呼ばれる。観測値が外れ値かどうかは，残差の異常な大きさによって識別できる。

7・1・8 事例研究

一連の重回帰分析はいくつかのステップから構成される。

1. 利用できるすべての予測変数に回帰モデルを適合させる。
2. 残差をよく調べて，回帰モデルの仮定条件を検証する。必要ならば，変数を変換する。
3. 残差が正規分布しているなら，その予測変数を対象にする。必要ならば，応答へ有意でない予測変数を取り除く。そのような予測変数を取り除いた後，再び回帰モデルを適合させる。
4. 最終的な回帰モデルを選び出す。モデルの適合度（高いR^2と補正R^2の値），モデルの単純さ（単純であればあるほどよい），モデル中での予測変数の有意性（予測子に対する小さなp値）などを比較検討する。
5. もう一度，最終的な回帰モデルの仮定条件を検証する。必要なら，回帰直線を表示するグラフを描く。外れ値について関心があるなら，外れ値の可能性を持つデータ点を識別し，外れ値を除外したデータ点の集合に対して上述の分析を繰り返す。

例 7.3

米国には50種類のオークの木が生えている。研究者が，ドングリ（オークの実）の大きさと，その木が生えている地理的な範囲の大きさとの間の関係を調べた。研究者は39種類のオークからデータ［木の種類（SPECIES），育った地域（REGION：0 = 大西洋岸，1 = カリフォルニア），ドングリの大きさ（ACORN），木の高さ（HEIGHT），生えている範囲の大きさ（RANGE）］を収集した。ドングリの大きさは，長さと幅の測定値から算出される体積として表されている。データの一部が次の表に示されている。

7 回帰と分散分析（ANOVA）

SPECIES	REGION	RANGE	ACORN	HEIGHT
Quercus alba L.	大西洋岸	24196	1.4	27
Quercus bicolor Willd.	大西洋岸	7900	3.4	21
Quercus Laceyi Small.	大西洋岸	233	0.3	11
⋮				⋮
Quercus vacc. Engelm.	カリフォルニア	223	0.4	1
Quercus tom. Engelm.	カリフォルニア	13	7.1	18
Quercus Garryana Hook.	カリフォルニア	1061	5.5	20

　この例では，ドングリの大きさ（ACORN）が応答変数で，生えている範囲の大きさ（RANGE），木の高さ（HEIGHT），育った地域（REGION）などが予測変数である。木の種類（SPECIES）を表す変数は実験で測定される個々の木を識別しているだけで，予測変数でも応答変数でもないことに注意しよう。REGION変数は（大西洋岸とカリフォルニアという値を持った）カテゴリー変数で，"ダミー"変数として数値によって記録できる（7.3節を参照）。すなわち，大西洋岸は0とコード化され，カリフォルニアは1とコード化されている。

　エクセルを使用して，ACORNを応答として，RANGE，HEIGHT，および（0と1でコード化された）REGIONなどを予測子として線形重回帰分析を適合させる。この回帰モデルに対する残差のPPプロットは，明らかに残差が正規分布していないことを示す。というのは，RANGE変数とACORN変数の両方が，右側のほうに強く歪んでいるのである。

　こうした問題を調整するために，ACORN変数とRANGE変数の両方を自然対数変換する。このことは，元々のACORN測定値とRANGE測定値について自然対数をとった値から成る，ln(ACORN)とln(RANGE)と名づけられた新しい変数の縦列を作成することを意味する。以下で適合される，変換後の重回帰モデルは

$$\ln(\text{ACORN}) = \beta_0 + \beta_1 \times \ln(\text{RANGE}) + \beta_2 \times \text{HEIGHT} + \beta_3 \times \text{REGION} + \varepsilon$$

のような形で表される。この変換後のモデルに対し，エクセルによる出力結果は次ページの表のようになる。

　この出力結果から，REGION変数と，変換RANGE変数との両方が，変換ACORN変数に対して有意であることが分かる。実は，研究者は，オークの実であるドングリが大きければ大きいほど，その実をより遠くへ運ぶことができる大きな動物を引き寄せると考えている。木の高さのHEIGHT変数は，ACORN変数に対して有意でない（HEIGHTのp値は$p = 0.257 > 0.05$である）。したがってHEIGHT変数はモデルから除外できる。そして，変換，縮約したモデルを次のように

$$\ln(\text{ACORN}) = \beta_0 + \beta_1 \times \ln(\text{RANGE}) + \beta_2 \times \text{REGION} + \varepsilon$$

と表すことができる。HEIGHT変数がモデルから除外されるに伴って，R^2の値は0.239

7・1 回帰

概要					
回帰統計					
重相関R	0.51637064				
重決定 R2	0.26663864				
補正 R2	0.20377909				
標準誤差	0.86590347				
観測数	39				
分散分析表					
	自由度	変動	分散	観測された分散比	有意 F
回帰	3	9.5413992	3.1804664	4.24181622	0.01170792
残差	35	26.2426089	0.74978883		
合計	38	35.7840081			
	係数	標準誤差	t	P-値	下限95%	上限95%
切片	-2.4583841	1.11119506	-2.2123785	0.03355945	-4.71423	-0.2025382
HEIGHT	0.02012296	0.01745603	1.15278011	0.2568133	-0.0153147	0.05556058
REGION	1.41361301	0.48697975	2.9028168	0.0063613	0.42499156	2.40223447
ln(RANGE)	0.30614821	0.13044988	2.34686453	0.02471922	0.04132086	0.57097555

へ減少する（補正 $R^2 = 0.197$ となる）。HEIGHT 変数を含んだモデルの場合は $R^2 = 0.267$（補正 $R^2 = 0.204$）であったことを思い起こそう。縮約したモデルのシンプルさは，より小さな R^2 値を持つ場合でさえ好ましい。

最後に，変換，縮約したモデルについての残差グラフと正規確率グラフ（図31を参照）は，モデルの仮定条件が満たされていることを示している。残差グラフにおいて，プロットにどんな（強い）規則性も存在しないので，残差の分散はほぼ近似的に一定であり，残差同士は互いに独立である。正規確率グラフは残差がほぼ正規分布していることを示している。データ集合の中には，外れ値の可能性を持つ（残差グラフの中で赤い点として示されている）1つのデータ点がある。このデータ値はオークの *Quercus tomentella Engelm* という種類に対応しており，実験においてこの種は，島（グアドループ島）で生育する唯一の種類であった。このことがその異常な統計上の振舞いを説明す

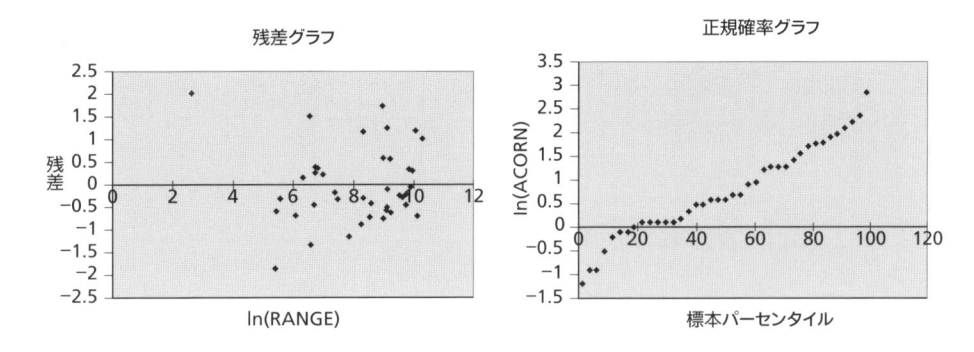

図31 ドングリ（ACORN）の大きさの例において，エクセルで出力した残差グラフと正規確率グラフ。残差グラフの中に，外れ値の可能性を持つ1つのデータ点（赤い点）が見える。その他では，残差グラフはどんな規則性も示していない。正規確率グラフは，変換，縮約したモデルの残差がほぼ近似的に正規分布していることを示している。

7 回帰と分散分析（ANOVA）

るので，このデータ値をデータ集合から除外しない，と判断することができる。

興味深いことに，外れ値のデータ点をこの回帰分析から除外すると，R^2の値に大きな差異が発生する（$R^2 = 0.386$へ増加する）。外れ値のデータ点を除外すると，予測子 ln (RANGE) と REGION の p 値は小さくなる。これは，これらの予測子因子のドングリの大きさ（ACORN）に対する有意性をより強く主張している。

7・2

分散分析（ANOVA）

分散分析モデルは，1個以上のカテゴリー予測変数（3.1節を参照）の異なるレベル値に対しての，量的応答変数の振舞いを比べるために使用される。

例 7.4

マイクロアレイ実験において，量的応答変数は遺伝子の発現量，すなわち強度である。ある実験で，2種の系統のマウスにおける遺伝子の発現量の違いを考えるとする。各系統ごとに，3匹の雄と3匹の雌の個体から組織を採取した。この実験で確かめることができる，意味のある問いかけは次のようなものである。2種の系統の間で，発現量の違う遺伝子が存在するのか？ 2つの性別の間で，発現量の違う遺伝子が存在するのか？ 系統間での発現量の差異が性別に依存するような遺伝子が存在するのか？ この実験においては，遺伝子の発現量が応答変数であり，それぞれ2つのレベル値を持つ2つのカテゴリー予測変数（系統と性別）がある。たとえば，性別のレベル値は雄と雌である。

分散分析モデルは，カテゴリー予測変数の個数により，つまりカテゴリー予測子が1つの場合は**一元配置分散分析モデル**（一因子分散分析モデル），カテゴリー予測子が2つの場合は**二元配置分散分析モデル**（二因子分散分析モデル）などと呼ばれる。本書では主に一元配置と二元配置の分散分析モデルを論じ，そしてマイクロアレイのデータ解析で通常使用される四元配置の分散分析モデルを手短に考察する。

7・2・1 一元配置分散分析モデル

ある1つのカテゴリー予測変数が，I個の異なるレベル値 i ($i = 1, \cdots, I$) をとるとする（図32を参照）。さらに，実験がレベル値 i で実施されるとき，量的応答変数は母集団平均 μ_i を持つとする。予測変数がとる各レベル値 i に対し，n_i 個の観測値が量的応答変数について収集される。ここで，x_{ij} は予測変数のレベル値 i での j 番目の観測値を示し，そのレベル値 i での量的応答変数の観測値 x_{ij} は，平均 μ_i と標準偏差 σ を持った正規分

7・2 分散分析（ANOVA）

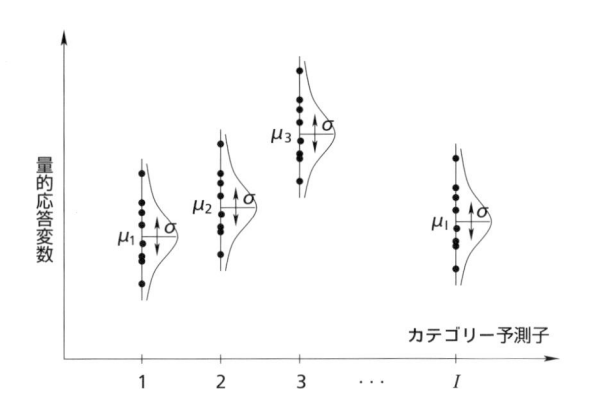

図32 一元配置分散分析モデルでは，レベル値 i での予測変数のとる観測値（ドット点）は，平均 μ_i と標準偏差 σ を持った正規分布に従う確率変数としてモデル化される。注意すべきは，すべてのレベル値の予測変数に対して標準偏差 σ が同じであるということである。

布に従っていると仮定する。標準偏差 σ は，そのカテゴリー予測変数のすべてのレベル値で**同じである**と仮定する。

一元配置分散分析モデルは

$$x_{ij} = \mu_i + \varepsilon_{ij}, \quad ここで \ \varepsilon_{ij} \sim \mathrm{Normal}(0, \ \sigma^2)$$

と表される。このモデルのパラメータは $\mu_1, \cdots, \mu_I$ そして σ である。

分散分析の F 検定は，予測変数のすべてのレベル値に対して応答変数の平均が同じであるとする帰無仮説，すなわち

$$H_0: \mu_1 = \mu_2 = \cdots = \mu_I$$

が成り立つか否かという問いかけに答えてくれる。生物学的にはこの帰無仮説 H_0 は，予測子が（平均として）応答へ影響を及ぼさないという悲観的な主張に対応している。

エクセルを使うと 予測変数の各レベル値に対する応答変数の観測値を，スプレッドシートの1つの縦列へそれぞれ書き込む。もし望むなら，その縦列を予測子のレベル値によって名前を付けて区別してもよい。「データ」→「データ分析」→「分散分析：一元配置」とクリックする。データを含んだすべての縦列を選択する（「列」をチェックマークし，そしてもし適当なら，「先頭行をラベルとして使用」をチェックマークしておく）。

エクセルの計算結果を要約した出力結果（図33）では，グループごとの平均と分散が示されている。分散分析モデルの仮定条件（7.2.3節を参照）を満たすためには，グループごとの分散の大きさがあまり異なるべきではないので，まずは分散をよく見よう。分散分析表は，応答の平均がすべて等しいかどうかを検定するための，F 検定統計量の値，および対応する p 値を含んでいる。p 値が小さな値をとる（0.05より小さい）場合は，予測変数のレベル値のうちで少なくとも1つが，その他のレベル値とは違った応答平均を持つことを意味する。分散分析表の中にある，グループ内の平均標準誤差（MSE）は，誤差分散 σ^2 の推定値である。

7 回帰と分散分析（ANOVA）

図33 一元配置分散分析に対する、エクセルの出力結果の概略図。

分散分析：一元配置						
概要						
グループ	標本数	合計	平均	分散		
縦列1	n_1		$\bar{x}_1$	グループ1内の分散		
縦列2	n_2		$\bar{x}_2$	グループ2内の分散		
縦列3	n_3		$\bar{x}_3$	グループ3内の分散		
分散分析表						
変動要因	変動	自由度	分散	観測された分散比	P-値	F境界値
グループ間	SSG	$I-1$	MSG	F検定統計量	p値	臨界値
グループ内	SSE	$N-I$	MSE			
合計	SST	$N-1$				

分散分析 F 検定が，予測子のいろいろなレベル値に対してその応答平均が全て**同じではない**と結論したなら，実際にどの応答平均が違っているのかを問うことは興味あることである。これはテューキー（Tukey）検定で確認することができる（6.2.4節を参照）。

例 7.5

いくつもの研究から，妊娠している女性の喫煙と，乳幼児の出生体重の低さが関連づけられている。研究者が，31人の女性の喫煙習慣について聞き取りをし，彼女らの新生児の体重を測った。喫煙習慣を，現在喫煙（妊娠している期間中も喫煙していた），以前に喫煙（以前は喫煙していたが，妊娠前にやめた），非喫煙（全く喫煙したことがない）として分類した。乳幼児の出生体重が表3にポンド単位で報告されている。エクセルで一元配置分散分析を実行すると，図34に示されたような出力結果が作成される。

表3 出生時点で喫煙していた母親，妊娠の前に喫煙していた母親，そして全く喫煙したことがない母親についての，赤ん坊の出生体重（ポンド単位）。

現在喫煙	5.7	7.9	6.8	6.1	7.2	6.2	6.9	6.0	8.4
	7.9								
以前に喫煙	7.5	6.8	6.9	5.7	7.9	7.6	8.3		
非喫煙	7.6	6.9	7.0	6.8	7.8	7.7	6.4	7.4	8.2
	8.6	7.5	7.5	7.5	5.6				

出力結果を解釈するため，3つのグループの平均出生体重を見てみよう。現在喫煙している母親の平均値が，全く喫煙したことがない母親の平均値よりも約0.4ポンド小さいが，この研究でのデータに基づいて平均出生体重の間に統計的に有意な差があるとは結論できない（$p = 0.485$）。その理由は，平均出生体重の差が予想以上に微妙であって，この研究ではその差の大きさをきちんと示せていないということである。3つのグループ全ての標本サイズを大きくすることが，この研究をより効果的なものにすると共に，仮に喫煙が本当に出生体重へ影響を及ぼしているのならば，有意な p 値をもたらすはずである。

分散分析:一元配置							
概要							
グループ	標本数	合計	平均	分散			
現在喫煙	10	69.1	6.91	0.858777778			
以前に喫煙	7	50.7	7.2428571	0.73952381			
非喫煙	14	102.5	7.3214286	0.563351648			
分散分析表							
変動要因	変動	自由度	分散	観測された分散比	P-値	F境界値	
グループ間	1.0341567	2	0.5170783	0.742863304	0.48489	3.3403856	
グループ内	19.489714	28	0.6960612				
合計	20.523871	30					

図34 エクセルの一元配置分散分析による出力結果。

　ここで得た結論が正しいかどうかを調べるため，一元配置分散分析の仮定条件をチェックするとしよう。データは3つのグループすべての集団で正規分布しているべきである。これはPPプロットを通じてチェックできる（標本サイズがあまり大きくないので，ここでのPPプロットは注意深く解釈すべきである）。さらに，3つのグループの分散が同程度の大きさかどうかをチェックする。この例では，最大の分散が0.86であり，この値は最小の分散（0.56）の2倍を超えていない。よって，仮定条件が満たされていると結論できる。

7・2・2　二元配置分散分析モデル

　2つのカテゴリー予測変数AとBがあるとしよう。変数AはI個の異なるレベル値をとり，変数BはJ個の異なるレベル値をとるとする。μ_{ij}は，因子Aのレベル値iと因子Bのレベル値jとの因子組合せijに対しての，量的応答変数の母集団平均を示すとする。そしてx_{ijk}は，因子組合せijについてのk番目の観測値を示し，kは$k=1, \cdots, n_{ij}$の値をとり，標本サイズがn_{ij}から成るとする。理論上は，因子レベル値の各組合せにおいて標本サイズn_{ij}は異なることがある。しかしエクセルでは，観測数があらゆる因子レベル値の組合せに関して同じである場合しか取り扱うことができない。

　二元配置分散分析モデルは

$$x_{ijk} = \mu + \alpha_i + \beta_j + \gamma_{ij} + \varepsilon_{ijk}, \quad \text{ここで } \varepsilon_{ijk} \sim \text{Normal}(0, \sigma^2)$$

で記述される。このモデルのパラメータは，全体的な応答平均μ，因子Aに対する因子効果α_i，因子Bに対する因子効果β_j，2つの因子AとBの相互作用効果γ_{ij}，そして共通の誤差標準偏差σといったものである。

平均値グラフ　二元配置分散分析モデルの中で因子を変化させたら，平均応答がどのように変化するかについての情報を得るための有効な方法が平均値グラフである。$I \times J$個の因子レベル値の組合せのそれぞれに対して平均応答を算出し，それを図35のように

7　回帰と分散分析（ANOVA）

プロットする。因子効果 α と β，および相互作用効果 γ が平均値グラフの中に見出される。因子 A の異なるレベル値に対して平均応答が変化するならば，因子 A の効果が存在する（$\alpha_i \neq 0$）。このことは，平均値グラフにおいて応答曲線が水平でない（平らでない）ことと言い換えられる。因子 B のそれぞれのレベル値に対応した曲線が重なり合っていなければ，因子 B の効果が存在する（$\beta_j \neq 0$）。平均値グラフの応答曲線同士が平行でないときは，相互作用効果が見られる（$\gamma_{ij} \neq 0$）。応答曲線が**平行である**ときには，因子 B が因子 A のあらゆるレベル値での応答へ**同じように**影響を及ぼしており，相互作用効果は $\gamma = 0$ となる。

エクセルを使うと

エクセルでは，因子レベル値の各組合せで反復の回数が同じである場合だけ，二元配置分散分析を実施できる。データを表の形に（一方の因子を上欄に置き，他方の因子を左欄に置いた形で）書き込んで，同じ因子レベル値に対して繰り返された観測値を以下のように書き込む。

	因子 A のレベル値1	因子 A のレベル値2
因子 B のレベル値1	x_{111}	x_{211}
	x_{112}	x_{212}
	x_{113}	x_{213}
因子 B のレベル値2	x_{121}	x_{221}
	x_{122}	x_{222}
	x_{123}	x_{223}

「データ」→「データ分析」→「分散分析：繰り返しのある二元配置」とクリックする。命名ラベルを含んだすべての行と列の観測値を選択する。「1標本あたりの行数」ボックスに，因子レベル値の各組合せ当たりの観測値の個数を入力する。

エクセルの出力結果には，因子レベル値の各組合せでの，応答変数の値の平均値と分散が示される。平均値は，分散分析モデルの平均値グラフを描く（推奨）ために使用される。分散は，分散分析モデルの仮定条件を満たすためには同程度の大きさを持つべきである（7.2.3節を参照）。

出力結果の分散分析表には，主たる因子効果 α と β，および相互作用効果 γ が 0 に等しいかどうかを検定する F 検定統計値と，対応する p 値が含まれている。小さな値の p 値は，対応する効果が 0 に**等しくない**ことを意味しており，その効果がモデルにとって重要であることを意味している。平均二乗誤差の MSE は残差分散 σ^2 の推定値である。

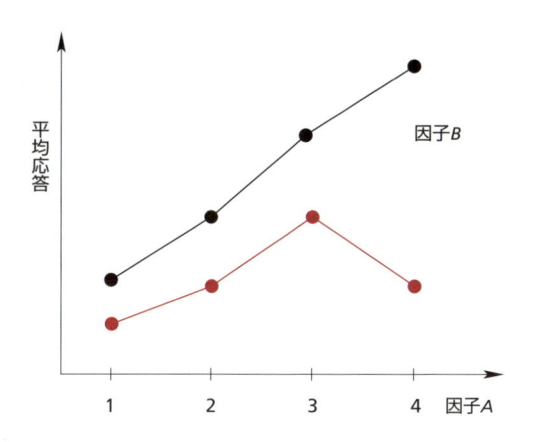

図35 平均値グラフでは，平均応答の値が因子レベル値のすべての組合せに対してプロットされる。この例では，4つのレベル値を持った因子Aがx軸上にプロットされ，2つのレベル値を持つ因子Bに対応して2つの色の曲線がプロットされている。

例 7.6

2つの系統の酵母菌 *Saccharomyces cerevisiae* と *Saccharomyces exiguus* を等量採取し，3つの設定温度（25℃, 35℃, 45℃）の下で糖を溶解した培地中で培養する。それらの増殖は1時間ごとのCO_2の生産量（単位ml）として測定される。それぞれの酵母菌と設定温度に対し，実験を3回繰り返した。そのデータが表の形式にまとめられている（表4）。

表4 酵母菌培養実験のデータ。

	25℃	35℃	45℃
S. cerevisiae	12	37	38
	12	38	42
	11	39	40
S. exiguus	7	19	18
	8	22	16
	8	23	19

この実験は，増殖が量的応答変数であり，2つのレベル値をとる「系統」と，3つのレベル値をとる「温度設定」という2つのカテゴリー予測変数を持つ二元配置分散分析モデルで記述できる。3回の反復を持つ二元配置分散分析のエクセルでの出力結果は次ページの出力結果のようになる。

この出力結果を解釈するため，まず6個の実験条件すべての応答分散をよく見よう。それらの分散の値は（ほぼ）同じ程度の大きさで，0.33から4.33までの範囲で変動している。グループあたり3個しか観測値がないので，分散は非常に近い値である必要はない。つぎに，分散分析表のp値に注目する。3つの（「標本」，「列」，「交互作用」の

分散分析：繰り返しのある二元配置				
概要	温度25	温度35	温度45	合計
S.cerevisiae				
標本数	3	3	3	9
合計	35	114	120	269
平均	11.6666667	38	40	29.8888889
分散	0.33333333	1	4	188.861111
S.exiguus				
標本数	3	3	3	9
合計	23	64	53	140
平均	7.66666667	21.33333	17.6666667	15.5555556
分散	0.33333333	4.333333	2.33333333	39.2777778
合計				
標本数	6	6	6	
合計	58	178	173	
平均	9.66666667	29.66667	28.8333333	
分散	5.06666667	85.46667	152.166667	

分散分析表						
変動要因	変動	自由度	分散	観測された分散比	P-値	F境界値
標本	924.5	1	924.5	449.756757	7.0277E-11	4.74722534
列	1536.11111	2	768.055556	373.648649	1.5582E-11	3.88529383
交互作用	264.333333	2	132.166667	64.2972973	3.8661E-07	3.88529383
繰り返し誤差	24.6666667	12	2.05555556			
合計	2749.61111	17				

行にある）値はすべてが小さい（<0.05）。ここから，（「標本」で示された）系統と（「列」で示された）温度設定とが，両方とも酵母菌の増加率に影響を及ぼしていると結論される。さらに，「交互作用」の効果もまた有意であることから，2つの系統は温度の変化に対しては同様な変化を示していない。この実験での残差分散 σ^2 の推定値は2.056である。

7●2●3　分散分析の仮定条件

　そのモデルがいくつの因子を含んでいるかにかかわらず，あらゆる分散分析モデルでは残差項 ε は独立であって，平均値0と一定の分散 σ^2 を持った正規分布に従っているという仮定条件が適用される。
　理論上は，この仮定条件を検証する最良の方法は，回帰分析の節で述べた手順（7.1.6節を参照）と同様，残差を求めてから，それらの正規性と等分散をチェックすることである。しかし残念ながら，エクセルは，二元配置分散分析の場合は残差を提供しない。
　受け入れることのできる代用手段は，応答の測定値が独立である（たとえば，応答の測定値が同じ対象について取得されるべきでない）ことを保証すると共に，エクセルで算出されるすべての $I \times J$ 個の因子レベル値の組合せに対して分散の大きさを比べることである。分散の大部分は互いに同程度であるべきである。しかし，因子レベル値の組合せ当たりの反復回数が少ない（≦5）ならば，いくつかの組合せが小さな分散を持つ

ことが避けられない。しかしここでは，いくつかがその他のものよりもずっと小さな分散を持つことは心配のタネとはならない。二元配置分散分析モデルは，仮定条件の緩やかな破れに対しては比較的頑健である。

7・2・4 マイクロアレイデータに対する分散分析モデル

マイクロアレイ実験での量的応答変数は，ターゲットcDNA分子に結合させた色素の蛍光強度によって測定される，遺伝子の発現量である。マイクロアレイ実験でよく使用されるカテゴリー予測変数は以下のようなものである。

- **アレイ** 実験で1個以上のスライドガラスが使われるなら，その製作上の僅かな違いが応答へ影響を及ぼす可能性がある。
- **色素** 2色実験で，色素の色（赤色，緑色）が応答の大きさに影響を及ぼす可能性がある。
- **処理** 2つの（ないし，より多くの）実験条件を比較するとき，その処理が遺伝子の発現応答に及ぼす効果を発見することがしばしば意図される。
- **遺伝子** 本来，与えられた組織標本の中で，異なる遺伝子は，異なる発現量を持つ。

これらの4つの因子を使って，四元配置分散分析モデルが構築できる。このモデルでの応答変数 Y は通常，対数変換され背景補正された式として表され，

$$Y_{ijkgr} = \mu + A_i + D_j + T_k + G_g + AG_{ig} + DG_{jg} + TG_{kg} + \varepsilon_{ijkgr}$$

で記述される。ここで Y_{ijkgr} は，アレイ i 上で，色素 j で標識され，処理 k の下にある，遺伝子 g についての，r 番目の反復結果に対する，背景補正された強度の対数をとったものである。相互作用の効果（アレイ–遺伝子，色素–遺伝子，処理–遺伝子）は，異なるスライドガラス上の遺伝子プローブが違うかもしれないという可能性（AG），2色の色素が特定の塩基配列に結合するのに異なった親和力を持つという可能性（DG），異なった処理の下での遺伝子の発現量が違っているという可能性（TG）などを反映する。ここで，その他の相互作用効果がモデルから外されていることに注意しよう。たとえば，色素は各々のスライドガラス上で同じように作用すると仮定しているので，アレイ–色素（AD）の相互作用効果は含まれていない。

上述の分散分析モデルの関係においては，処理1と処理2の下での遺伝子 g についての発現量の違いに対応する帰無仮説と対立仮説は

$$H_0 : T_1 + TG_{1g} = T_2 + TG_{2g}$$
$$H_a : T_1 + TG_{1g} \neq T_2 + TG_{2g}$$

となる。(残念ながらエクセル以外の)統計ソフトウェアが，この仮説検定に対してp値を提供するだろう。マイクロアレイ実験で非常に多くの遺伝子を扱う場合には，多数のp値を考察する必要がある。マイクロアレイ実験における検定回数はしばしば非常に大きな(数千の)ものになるから，偽陽性の判定数を調整するために付加的な考察をする必要がある(8.4.6節を参照)。

7・3
分散分析モデルと回帰モデルが共通に持つ事項

分散分析モデルと回帰モデルの間の区別は，表面上のものである。技法的には，これら2つの統計モデルは同等なものである。それらは共に，ある1つの量的応答変数を，1つ以上の予測変数の一次結合で表された関数としてモデル化している。また，残差は独立で，正規分布していて，一定の分散を持つと共に仮定している。

それらの統計モデルの間での唯一の違いは，予測変数の性質である。しかし，カテゴリー変数がとるレベル値を**ダミー変数**を通してコード化することにより，カテゴリー変数を回帰モデルの中で取り扱うことは可能である。これは，カテゴリー予測変数が単に2つのレベル値をとるならばとくに容易となる(たとえば，2つのレベル値を0と1とにコード化する)。

例7.7

カテゴリー予測変数が3つ以上のレベル値をとる場合には，回帰モデルの中でそれを取り扱うときには注意が必要である。たとえば，ある薬を2回分，4回分，8回分の服用量で投与するようなときには，回帰モデルにおいて薬の投与量を表すダミー変数は2，4，8とコード化すべき**ではない**(投与量が応答へ一次関数的な影響を及ぼすと仮定されない場合，そうすべきでない)。同様に，薬の投与量は0，1，2とコード化すべきではない。というのは，これでは投与量を2から4に変えるときの応答の変化を，投与量を4から8に変えるときの応答の変化と同じであると仮定することになるからである。その代わりとして，薬の投与量を表すのに，0，1とコード化される2つのダミー変数x_1とx_2を使い，

提示された投与量	ダミー変数 x_1	ダミー変数 x_2
2	0	0
4	1	0
8	1	1

のように表示する。このモデルでは，ダミー変数x_1に関係した傾きは投与量の2から4への変化に対応する応答の変化を表し，ダミー変数x_2に関係した傾きは投与量が4か

ら8へ変わるときの応答の変化を表している．したがって，これら2つの傾きを足し合わせた和が，投与量が2から8へ変わるときの応答の変化を表すことになる．

8 そのほかのテーマ

　この最後の章では，生物学においてよく登場する，統計学のそのほかのテーマについて述べることにする。最初に取り上げるのは，類別法とクラスター法である。これらの手段は，たとえば進化生物学において系統樹を生成したり，分子生物学において共発現する遺伝子を同定したり，機能的に関連しているタンパク質を発見したりするのに使用される（8.1節と8.2節を参照）。そして生物学でよく使われるもう1つの統計学的手段が，主成分分析（PCA）である。PCAは，高次元のデータ（多くの変数について収集された観測値）を，データの最も重要な点を保持しながらより少ない次元へ縮約することによって解釈を容易にする統計的手法である（8.3節を参照）。この手法は，数千の変数（遺伝子）を観測するのが常であるマイクロアレイのデータ分析においてルーチンワーク的に適用される。マイクロアレイのデータ分析それ自体が，統計学で扱われる特別なテーマである。マイクロアレイデータの高次元性により，多くの統計学的な新しい挑戦が生じている。ここで述べる挑戦の中には，同一のデータ集合から多くの問いかけを統計学的に扱うという多重比較の問題がある（8.4節を参照）。もう1つ取り上げる特別なテーマは最尤推定法である。最尤推定法は，観測値，すなわちデータからモデルパラメータの値を推定するのによく使用される（8.5節を参照）。なおこの統計手段は，現在では広く利用できるようになった大容量のコンピュータから多大な恩恵を受けてきた。この統計手段は，複雑な生物学モデル（たとえば，コンピュータを使用した系統発生学やバイオインフォマティクス）を取り扱うときに最もよく使用される方法の1つである。そして最後に，本書で記述した頻度主義的な統計法を，それに対峙するベイズ統計法と対比して，2つの統計法の間の重要な違いに光を当てる（8.6節を参照）。

8・1 類別法

　どんな環境が人間に癌や心臓病のような病気を引き起こすのかをより理解するために，多くの大規模な研究が実施されてきた。多くの患者から，遺伝情報（たとえば，マイクロアレイ），生理学的測定値，生活習慣についての調査，家族歴などのデータが収

集された。典型的な目的は，特定のバックグラウンド（遺伝的，生活習慣）を持つ個人が，研究対象とした病気を発症する確率を予測するといったことである。n 次元の観測値の集合をいくつかのグループ（たとえば，高リスク，中リスク，低リスクのグループ）に分離したり，新たな観測値をあらかじめ定義されたグループに割り当てたりすることが**統計類別法**である。

例 8.1

インドゾウは同類のアフリカゾウよりも（平均して）小さな耳を持つ。しかし，（耳の直径や面積で測定される）耳のサイズそれだけでは，そのゾウがインド系統であるか，アフリカ系統であるかを決めるためのよい類別手段とはならない。もし耳のサイズを唯一の決定因子として使用した場合には，すべての赤ちゃんゾウがインドゾウとして（単純に）類別されてしまい，これらの赤ちゃんゾウが成長したとき，それらのうちの何匹かがアフリカゾウとして類別されることになるだろう。代わりに，耳のサイズを他の（たとえば，年齢や体長といった）変数と一緒に扱えば，これは動物を類別するずっとよい手段となるだろう。

統計類別法には2つの主たる目的がある。

- 既知であるいくつかの母集団からもたらされる異なった特徴を持った観測値を，グラフ（3次元，またはより少ない次元）を使って記述したり，（より高次元では）代数的に記述したりして扱えるようにしたりすること。この目的のために，観測値の差異をうまく記述する**判別関数**を見出す［図36（a）を参照］。こうした作業は通常，統計**判別法**と呼ばれている。
- 観測値を，ラベルで標識して2つ以上の集合に分類すること。この目的のために，観測値を分類するのに使うことができ，類別を誤る誤差が最小となるような，**類別化ルール**を開発する［図36（b）を参照］。これは通常，統計**類別法**と呼ばれている。

すべての類別化の問題は**トレーニング用データ**の集合に基づいている。トレーニング用データの集合は n 次元の観測値から成っていて，それらの観測値の特徴タイプは既に

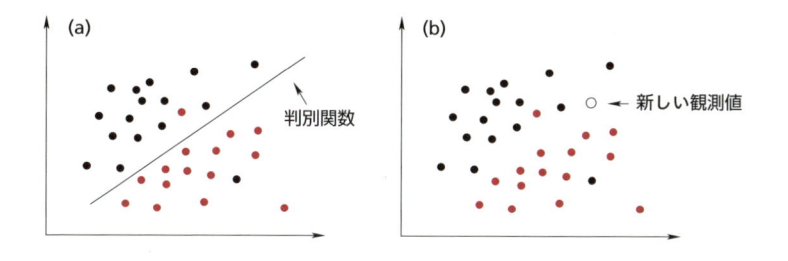

図36 類別法の目的は，誤って類別される観測値の割合を最小にしながら，既存のデータをその特徴のタイプで分割する判別関数を見出すことである。そうすると，この判別関数を使って，新しい観測値を特定のタイプに割り当てることができる。

知られているとする。こうしたトレーニング用データの集合は，ある病気を持った患者と持たない患者についての測定値や，インドゾウとアフリカゾウの耳直径と体長についての測定値，観測された予測変数の値によりカテゴリー分類されたその他の母集団についての測定値といったものを含んでいる。このトレーニング用データの集合に基づいて類別化ルールが開発される（しばしば，これは判別関数の形式で開発される）。そうすると，この類別化ルールに従って，新しい観測値を既存のカテゴリーに類別することができる。

図37（a）は，2つの特徴タイプについての2次元の観測値を適切に分離する，線形の判別関数を示している。2つの異なるタイプについてのより高次のn次元（$n > 2$）の観測値もまた，線形の判別関数（3次元では平面，より高次元では超平面）で分離することができるだろう。しかし，場合によっては，非線形の判別関数のほうが線形の判別関数よりも適切なものとなり得る［図37（b）を参照］。

ほとんどの統計モデルと同じように，最良の判別関数も，モデルの単純さ（1次式のほうが高次の多項式よりも単純である）と，低い類別誤差（トレーニング用データの集合から得られる，誤って類別されるデータ点の割合）との間の兼ね合いの結果として得られる。

8・2

クラスター法

統計類別法における，トレーニング用のデータ集合は，観測値の類別化カテゴリーが既に知られている場合は利用可能である。しかし，生物学での適用ではこれが可能でないことがある。たとえば，酵母菌の細胞周期に応じた遺伝子発現に関する実験では，大部分の遺伝子の正確な機能は知られていない。その代わりに，発現パターンを多くの酵母について繰り返し観測し，同様な振舞いを示す遺伝子グループを形成することができる。

n次元の観測値をk個のグループに分類するために，各グループのメンバー同士は類似しているが，その他のグループのメンバーとは類似していないように分類することが，統計**クラスター法**の目的である（図38を参照）。ここでは，実験が実施される前には必ずしもグループ数kが知られていないという解決すべき1つの問題がある。実験に

8 そのほかのテーマ

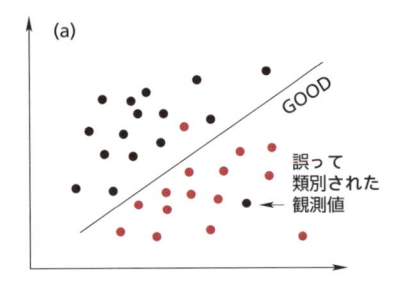

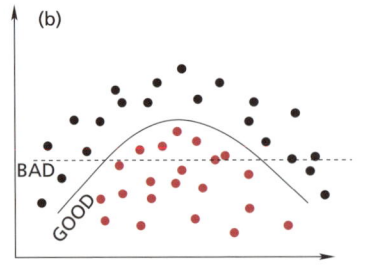

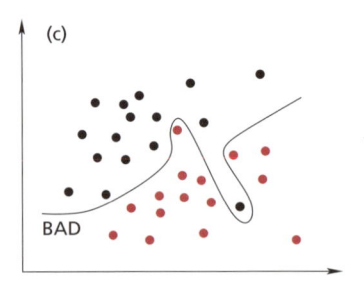

図37 類別法の目的は，可能な限りシンプルな判別関数を使って，類別を誤る誤差を最小にすることである。この例でのデータは，2つの特徴タイプ（赤色と黒色）を持った2次元の観測値の集合から成っている。(a) たとえトレーニング用データの集合において2個の観測値が誤って類別されていようとも，線形の判別関数が適当である。(b) 曲線の判別関数がデータを非常にうまく分離している。この判別関数のほうが，多くの観測値を誤って類別してしまう線形の判別関数（破線）よりも望ましい。しかし，たとえ(c) のような曲線関数がトレーニング用データの集合を誤りなく類別したとしても，これはあまりにも複雑過ぎるので，(a) のようなシンプルなもののほうが望ましい。

おいて"類似"が意味するところは，観測された測定値に依存する。2つの観測値がどれくらい類似していないかを表すことのできる**距離測度**が必要になってくる。

例8.2

たとえば，n個の遺伝子について観測された発現量のような，n次元の量的な観測値に対しては，使用可能な距離測度はn次元空間の中でのユークリッド距離である。いま，$\vec{x} = (x_1, x_2, \cdots, x_n)$が個体$A$について収集された$n$個の遺伝子から観測されたデータであり，$\vec{y} = (y_1, y_2, \cdots, y_n)$が個体$B$から収集された同じ遺伝子についての$n$個の観測値であるとしよう。すると，これら2つの観測値のベクトルに対するユークリッド距離は

$$d(\vec{x}, \vec{y}) = \sqrt{(x_1 - y_1)^2 + \cdots + (x_n - y_n)^2}$$

となる。研究対象の生物の遺伝子発現について事前知識があるときには，別の有効な距離測度として，それらの変動性によって遺伝子発現の違いに重みをつけられるかもしれない。通常はあまり違いがない遺伝子で観測される差は，変化の大きな遺伝子で観測される同じ程度の差よりも，"より違っている"とみなされるべきである。これに対応する統計学の距離測度は，**マハラノビス（Mahalanobis）の距離**と呼ばれている。

多次元の観測値間の類似性と，非類似性とを記述するのに使用できる多くの距離測度が他にもある。そうした距離測度は，座標差の絶対値に基づいていたり，最大座標差に基づいていたり，類似測度に基づいていたりする。観測値のいくつかがカテゴリー的なものである場合には，他の測度の工夫が必要となる。あらゆる距離測度は2つの共通の特徴を持っている。第一に，両方の個体についての観測値が一致している場合には，それらの間の距離測度は0となる。第二に，距離測度が大きくなることは，観測値がお互いに類似しなくなっていくことを反映する。

n次元のデータについての統計クラスター法には，根本的に異なる2つの方法がある。

●**階層クラスター法** 個別の観測値から出発する方法（集塊クラスター法）では，距離測度が観測値のグループを形成するのに使用される。あるいは，すべての観測値

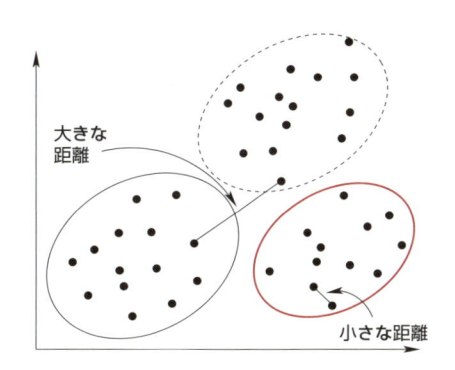

図38 クラスター法は，n 次元の観測値を，意味を持った部分集合に分離する統計手段である．この例では，未知のタイプの 2 次元の観測値が，それらの近接性（ユークリッド距離）に基づいて，3 つのクラスターに分離されている．同じクラスターにある観測値間の距離は，異なったクラスターにある観測値間の距離に比べて小さい．

を含む 1 つの大きな集合から出発する方法（区別クラスター法）では，距離測度は観測値をグループに分解するのに使用される．集塊クラスター法では，最初は，あらゆる観測値それ自身が個々のクラスターである．類似した観測値（最小の距離測度を持つ観測値）をクラスターにまとめていくことになる（図39を参照）．

クラスター法を適用して得られる結果は，樹形図の形で表示できる．集塊クラスター法のアルゴリズムがいつ終了するかに依存して，その結果は（初期に終了すると）多くの小さなクラスターとなったり，（もっと後に終了すると）少数の大きめのクラスターになったりする．

●**分割クラスター法** この方法では，クラスターの個数 k を固定し，最適なクラスター配置構成が達成されるまで観測値をクラスターの間で"組み替える"．この方

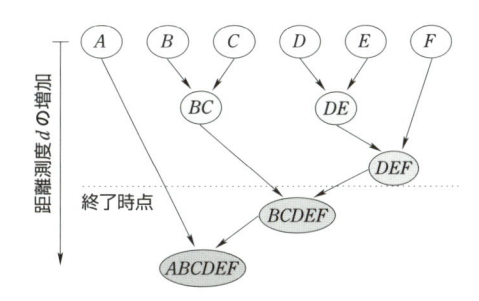

図39 階層的集塊クラスター法では，観測値は類似性の度合いによってまとめられる（最も類似した観測値が最初にまとめられる）．上図の例では，B と C の間の類似性と，D と E の間の類似性が同じである．DE のクラスターは F に最も類似している，等々である．このアルゴリズムは任意の時間で終了することができ，その終了時点で存在するクラスター (A)，(BC)，そして (DEF) を結果として出力する．

法で問題となる点は，使用すべき最適なクラスター数を決めることである。

8●2●1　階層クラスター法

　階層クラスター法で行うべき主要なことは，樹形図の展開を進める各段階でどの2つのクラスターを"融合させる"（あるいは，"分離する"）かを選択し決定することである。集塊クラスター法と区別クラスター法の裏で行う操作は，樹形図を展開する向き（トップダウンか，ボトムアップか）を除けば全く同じなので，ここでは集塊クラスター法のみを考える。

　データがN個の個体についての観測値から成っているとする。各観測値がn次元ベクトルの形式で記録される。操作の最初の段階では，各個体それ自体がクラスターである。ペア形式での非類似性の測度dをすべての個体ペアに対して計算して，それらを$N \times N$の表の形で記録する。最小の距離測度を持った2つの個体を，1つのクラスターに合流させる。

　次の段階は，$N-1$個のクラスターから出発する。再び，最も類似したクラスターを融合させるためには，すべてのクラスターペア間の距離が必要となる。ここで，観測値のグループの類似性の測度をどのように計算したらよいであろうか？それには，3つの選択肢がある。

　2つのクラスターを比べるためには，クラスターの中にある要素を比較するための距離測度が必要となる。実際には，3つの方法が一般に使用される。

- **単一連結**：最小距離，すなわち，最も近い要素間の距離。
- **完全連結**：最大距離，すなわち，最も遠い要素間の距離。
- **平均連結**：平均距離，すなわち，すべてのペア形式の要素間距離についての平均値。

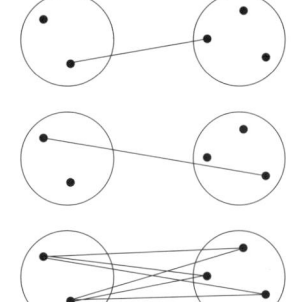

　メ　モ　いかなる階層クラスター法の手続きも，本質的に同じ手順に従って行われる。まず，距離測度と連結タイプを選択する。
1. ペア形式での距離の表を算出する。
2. 最も高い類似性（すなわち，最短距離）を持った2つのクラスターを融合させて，クラスターの数を1つ減らす。
3. 全クラスターについてその構成メンバーを記録しておくと共に，どのレベル値（すなわち，距離）で融合が起こっているかも記録しておく。
4. 適当な連結を使って，より小さな次元での距離の表を再度算出する。そして，この手順を繰り返す。

8・2 クラスター法

階層クラスター法の結果は，一方の軸上に対象のラベルを持ち，他方の軸上に距離測度 d を持った樹形図で描かれる。

例 8.3

Nei and Roychoudhury（1993）は，異なる人種的起源を持つ人間の間にある進化距離を研究した。彼らは26の人間集団を調べ，Cavalli‒Sforza距離を用いて人間集団の各ペア間の遺伝学的距離について考察した。研究対象としたいくつかの集団の，遺伝学的距離（100倍している）は次のようになる。

	ドイツ人	イタリア人	日本人	韓国人	イラン人
ドイツ人		0.6	5.7	5.7	1.8
イタリア人	0.6		5.5	5.5	1.6
日本人	5.7	5.5		0.6	5.0
韓国人	5.7	5.5	0.6		5.2
イラン人	1.8	1.6	5.0	5.2	

単一連結を使ってこれらの集団についての系統樹を作成するにあたり，最も近くに関係づけられている集団がドイツ人とイタリア人（その距離が0.6），そして日本人と韓国人（その距離もまた0.6）であることに注目する。これら2対の集団を結合して，3つの新しいクラスターを産出する。続いて，（単一連結を使って）クラスター間の新しい距離を再計算する。すると，再計算された距離の表が

	ドイツ人‒イタリア人	日本人‒韓国人	イラン人
ドイツ人‒イタリア人		5.5	1.6
日本人‒韓国人	5.5		5.0
イラン人	1.6	5.0	

のように得られる。たとえば，ドイツ人‒イタリア人と日本人‒韓国人との間の新しい距離は5.5である。この新しい距離は，ドイツ人‒イタリア人，日本人‒韓国人という2つのクラスターを構成する，任意の2つの構成メンバー間においての最短距離を示している。次に，イラン人のクラスターとドイツ人‒イタリア人のクラスターの非類似測度（$d=1.6$）が最小なので，両クラスターを結合する。最後に（上の表には示されていないが），ドイツ人‒イタリア人‒イラン人と日本人‒韓国人との間で単一連結を使って再計算された距離は $d=5.0$ となる。その結果として得られる樹形図が図40に示されている。この図の y 軸上に並べている集団の順序は任意である。一般には，樹の枝分れが重ならないように集団を順序づける。

8 そのほかのテーマ

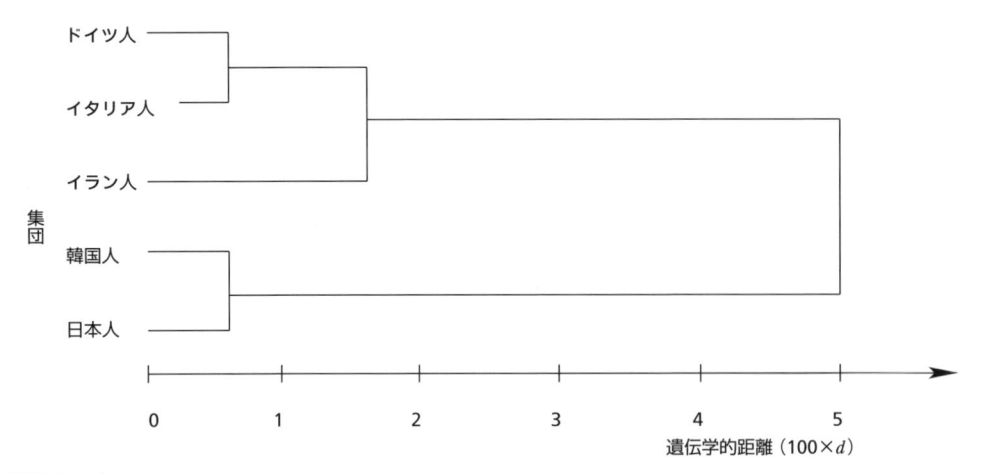

図40 選択された5つの人間集団の間の遺伝学的差異を説明する樹形図。この樹形図はCavalli–Sforzaの非類似測度 d と単一連結とに基づいている。

8●2●2　分割クラスター法

　量的データに対し分割クラスター法を適用するとき，最も一般的な方法の1つが k 平均クラスター法と呼ばれる方法である。この方法では，定めた終了基準が達成されるまで，クラスター同士をよりうまく分離できるように観測値を組み替えることによって，全てのデータ集合を k 個のクラスターに分割する。

アルゴリズム

1. クラスターの数 k を選ぶ。
2. データを k 個の（空のない）クラスターにランダムに分配する。各クラスター内の観測値を平均することにより，それぞれのクラスターの中心位置を決める。
3. 各々のデータ点を，最も近いクラスター中心位置に割り当てる。
4. 新しいクラスター中心位置を算出する。そして，こうした操作を繰り返す。
5. 収束後に（通常，個々のデータ点のクラスターへの割り当てが変化しなくなるときに），終了する。

　このアルゴリズムは実行が簡単であり，非常に大きなデータ集合の場合でさえ比較的速く行うことができ，そして途中経過の記録を要求しない。実行結果はアルゴリズムの中で指定されたクラスター数 k と，観測値の初期設定とに依存するので，その結果の頑健さを測定するには，異なった k と異なった初期値を設定したアルゴリズムを繰り返すことはよいアイデアである。

> **メモ** 生成されるべきクラスター数 k に対する妥当な推定値を得ることは，この本の範囲を超える興味深い問題である。k 平均クラスター法のアルゴリズムは，指定された k が生物学的に意味があるかないかにかかわらず，結果を必ず返すことに注意しよう。ただし，異なった k を選ぶと，結果として得られるクラスター，それに伴うクラスターの生物学的な解釈は劇的に変化する可能性がある。

例 8.4

図 41 に示されているような，4 つの 2 次元観測値が与えられた。

種目	観測値 x_1	x_2
A	1	2
B	5	2
C	2	3
D	7	1

観測値をクラスター化するのに k 平均クラスター法（この例では $k=2$）を使用する。2 つの観測値のグループをランダムに形成することにより，アルゴリズムの初期設定を行う。たとえば，初期設定クラスターとして (AB) と (CD) を考える。初期設定クラスターの中の観測値の個数は同じである必要はないが，あらゆるクラスターは少なくとも 1 つの観測値を含んでいなければならない。続いて，位置座標を平均することによって各クラスターの中心位置を計算する。

$$AB \text{の中心位置}: \left(\frac{1+5}{2}, \frac{2+2}{2}\right) = (3, 2)$$

$$CD \text{の中心位置}: \left(\frac{2+7}{2}, \frac{3+1}{2}\right) = (4.5, 2)$$

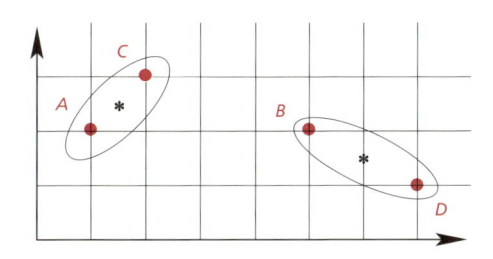

図 41 k 平均クラスター法のアルゴリズムを使って，4 つの 2 次元観測値をクラスター化した。観測値は赤色のドット点で描かれていて，最終的なクラスター中心位置は星印の点で描かれている。

ここで，各観測値を1つずつ考察し，それら観測値に最も近いクラスター中心位置を見つける。観測値 A はクラスター (AB) の中心位置に最も近いので，何もしない。しかし，観測値 B は，クラスター (AB) の中心位置よりもクラスター (CD) の中心位置に近い。それゆえ，この観測値 B をクラスター (CD) に移動させて，新しいクラスターを形成する。ここで，クラスターの中心位置は再計算する必要が生じ，

$$A \text{ の中心位置}: = (1, 2)$$

$$BCD \text{ の中心位置}: \left(\frac{5+2+7}{3}, \frac{2+3+1}{3}\right) = (4.67, 2)$$

と得られる。再び，各観測値についてこれらクラスター中心位置からの距離をチェックする。A, B, および D は，それらが属しているクラスターに最も近い位置に存在する。しかし，観測値 C はクラスター (A) の中心位置のほうに近い。それゆえ，観測値 C をクラスター (A) に移動させて，今一度，クラスター中心位置を計算し直す。そうして，あらゆる観測値が自身の属するクラスター中心位置に最も近くなると，それ以上の移動の必要がなくなる。そこでアルゴリズムを終了し，最終的なクラスター (AC) と (BD) が与えられる。

8・3 主成分分析

変数（すなわち，多次元の変数）について考えるとき，ただ1つの変数，すなわち，1次元の変数（たとえば，時間）だけを考えることは非常に容易なことである。そして2つの変数を同時に，たとえば時間経過による植物の生長について考えることは難しいことではないし，それをグラフ（すなわち，x–y 散布図）で図示することも難しいことではない。たとえ2つの予測変数の間の相関（すなわち，共変動）が2次元の散布図の中でとらえられなくても，3.8節で述べた手段によって，それらの間の相関を計算することは簡単である。しかし，ある実験における変数の個数（たとえば，あるゲノムにおけるすべての遺伝子の数）が大きくなるときには，変数の間に存在するすべての関係について考えたり，それら変数がどのように相互に関係づけられるかについて考えることは極めて難しい。幸運にも，データの次元数を減らすと同時に，その傾向を視覚化するために使用可能な，いくつかの探索的な統計手法がある。言い換えるならば，たとえば5つの変数について同時に考える代わりに，これら5つの予測変数，すなわち5次元の変数について，ある統計モデルを用い5つの予測変数について一次結合を作成することにより考察することが可能である。線形モデルを用い一次結合で統合した予測変数の部分集合は，応答変数の中に生じる最大の変動量を説明する。

主成分分析（PCA）は，データを主要な変動に要約して特徴を把握するようにして，データ空間の次元を概観する統計法である。この統計法は，変数内の変動と変数間の変

動（すなわち，相関）を利用して，元々の（相互に関連した）データを，応答変数の変動の大部分を一緒になって説明する，相互に関連しない新たな変数から成る有益な集合に変換する方法である。結局のところPCAは，共分散行列に基づいて固有ベクトルを計算することにより作業する。線形代数（すなわち，射影，固有値，固有ベクトルなど）の説明にまでは立ち入らないが，PCAはデータ空間における最適な線形変換であると知られていて，これはそうした線形変換から一次結合として表された成分の間で最大の分散を持つ部分空間（すなわち，表現）を生成する。その線形変換式は，"負荷"と呼ばれる量によりそれぞれ重みを付けられた，観測された変数から成る関数として表される。第一の主成分は，モデル中の観測された変数の上にその負荷をかけることを通して，データ中の最大の変動を説明する。第二の主成分はデータ空間において第一の主成分よりも小さな変動を説明し，第三の主成分およびその他に残っている主成分はさらに小さな変動を説明するだけである。典型的な次元数縮小の適用例では，データ中の大部分の変動は最初の二つ三つの主成分で説明される。PCAはデータ空間の多次元の変数（ベクトル）の上で作業するので，統計学の分野では多変数分析法として知られている。PCAは，ほとんどのソフトウェアパッケージで利用できる標準的な統計分析法である。

8・4
マイクロアレイデータの分析

　統計学者の視点から見ると，マイクロアレイデータや他の高速シーケンス技術は，従来型の生物学のデータ群には必要なかった，新たに挑戦すべき多くの課題を生んでいる（Craig et al. 2003）。その1つは，処理の組合せ（大量の遺伝子に適用した色素・アレイの違いや，いろいろと違った実験条件など）の数が概して非常に大きい（たいてい数千であったり，時には数万であったりする）という課題への挑戦である。対照的に，全く同じ実験条件で同一の生物学的サンプルに適用される反復の数（技術的反復）や，全く同じ実験条件で異なった生物に適用される反復の数（生物学的反復）は通常非常に小さい。数万の実験条件に比べて，2，3程度といった僅かな生物学的，技術的な反復しかないこともある。統計分析が，反復全体にわたっての変動を，実験条件の間の差異と比べることを頼みにしているので，その僅かな生物学的，技術的な反復が統計分析を難しいものとしている（Kerr and Churchill 2001）。

8・4・1　データ

　ほとんどの生物学者は，マイクロアレイ実験からのデータをスプレッドシート形式で受け取る。データのファイルには，アレイ上のスポットならびにそれらの物理的な位置

情報についての詳細や，試料中のmRNA量を表す，対応するスポットごとのレーザー（光線）強度が含まれている．マイクロアレイ技術は多様であり，実験で使用されるアレイの種類により，データの形式やmRNA量が提示される方法が規定されている．

オリゴヌクレオチド‐アレイ

市販のものが入手できるこのアレイは，最も一般的なマイクロアレイである．アレイ上のプローブは短いオリゴヌクレオチド鎖（たとえば，Affymetrix社のアレイでは25-mer，Agilent社のアレイでは60-mer）で，各鎖は遺伝子の**一部分**に対応している．プローブ集合の中で，それらのうちのいくつか（11から20の間）が一緒に1つの遺伝子を同定する．クロスハイブリダイゼーションの度合いを決定するためにAffymetrix社のアレイでは，"パーフェクトマッチ"プローブに，オリゴヌクレオチドの中間部分が変更された"ミスマッチ"プローブが加えられている．全てのプローブに対して，"ミスマッチ"測定値が"パーフェクトマッチ"測定値から差し引かれる．各遺伝子の発現量の測定値を得るために，ある遺伝子に対応する全プローブに対してミスマッチ補正された強度を平均する．

スポットアレイ

スポットアレイは，比較的小規模な研究で使われる，注文に応じて作られるアレイの典型的なものである．アレイ上の全スポットは特定のmRNAに対応する配列である．典型的には，2つの生物学的サンプルが一緒に混ぜられて，それから1枚のアレイに対してハイブリダイゼーションされる．サンプルを区別するために，生物物質を異なった蛍光色素（Cy3緑色，Cy5赤色）で標識する．蛍光強度を測るために，各色に対して異なる波長を持つレーザー光線を使用する．各色のレーザー走査により，アレイ上の各スポットに対応する画素データを得ることができる．そのデータファイルは通常，両方の色の外辺部（背景）画素に加えて，中心部（前景）画素に対する平均強度とメディアン強度を含んでいる．概してファイルはまた，各スポットに対し，前景メディアンから背景メディアンを差し引いた，"背景補正された"メディアン強度を表すデータを含んでいる．

ほとんどすべてのマイクロアレイ実験では，2つの生物学的サンプルを互いに比較する．2つのサンプルは同じスポットアレイや，あるいは2つの異なったオリゴヌクレオチド‐アレイでハイブリダイゼーションされる．話を簡単にするため，遺伝子gに対する測定値（1枚のアレイ上のプローブの数，つまり遺伝子数の範囲はおそらく数千にわたっている）をR_g, G_gで示すとしよう．ここで，R_gとG_gはそれぞれ，赤色と緑色の蛍光強度である．単色のオリゴヌクレオチド‐チップについては，R_gとG_gは，異なった2つのチップ上の2つの条件に対する蛍光強度であると考える．

2つのサンプルの数千の遺伝子にわたる測定値を比べるためには，まず測定値を次のような形式に変換することが便利である．

$$M_g = \log_2 \frac{R_g}{G_g}$$

$$A_g = \frac{1}{2}(\log_2 R_g + \log_2 G_g)$$

この M 値は，遺伝子 g に対する，背景補正された，緑色強度と比べた赤色強度についての対数変換した発現比を表す．上の式の中の $\log_2$ により，赤色強度が緑色強度の2倍ならば，M 値は1に等しいことになる．他方，緑色強度が赤色強度の2倍のときには，M 値は−1である．赤色と緑色の条件の間に発現量の差がないときには，M 値は0である．この M 値が2つのサンプルの間での発現量の相対的な違いを表す一方で，A 値は2つのサンプル測定値についての平均した対数強度の値を表している．遺伝子 g が両方の実験条件の下で発現しない（あるいは，ほんの僅かだけ発現する）ときには，A 値は小さくなるだろう．遺伝子が少なくとも一方の実験条件の下で強く発現するときには，A 値は大きくなる．

ほとんどの研究者は何らかの分析を実施する前に，データの視覚的な全体像を得るため，1枚のアレイ上のすべての遺伝子に対する M 値をそれぞれの A 値に対してプロットして得られる MA グラフを作成する［図42（a）を参照］．

8・4・2 正規化

結論をマイクロアレイデータから引き出す前に，**生物学的な効果によって引き起こさ**

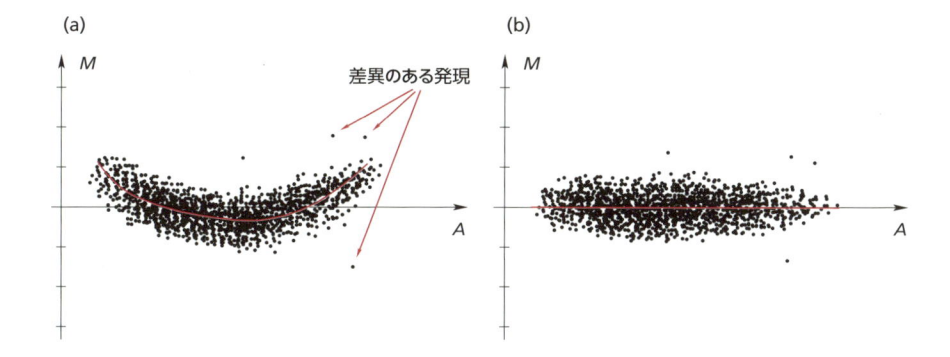

図42　MA グラフはマイクロアレイの実験結果を視覚化するのに役立つ．発現量に差異がある遺伝子は，大きな M 値と大きな A 値との両方を持った遺伝子である．大きな M 値が小さな A 値と組み合わさったものは，実際の生物学的な違いというよりも，むしろ技術的な変動として説明される可能性がある．MA グラフは，（M 値で表される）発現比が，（A 値で表される）強度に依存していることを明らかにするかもしれない（a）．LOESS（局所的に荷重を加えての散布図平滑化）正規化が，この問題を解決するのに使用される（b）．

れるのではない系統的な変動を，可能な限り数学的に取り除くことが不可欠である．こうした過程は正規化と呼ばれる．データ中の系統的な技術的誤差に関して考えられる原因は，アレイ自身の製造差異，サンプルを標識するのに使われる色素，スライドグラスにスポットを付着させるピンの製造差異などだろう．これらの原因のそれぞれは，異なったタイプの正規化法によって取り扱われる．正規化の方法は組み合わせることが可能で，複数の正規化法を同一のデータに適用できる（Yang et al. 2002）．最も一般的な正規化法を以下で考察しよう．

大域的正規化　ゲノム全体の遺伝子発現の研究を考えると，あるゲノム中のあらゆる遺伝子を処理条件と対照条件との下で比較することになる．発現誘導された遺伝子が発現抑制された遺伝子とほぼ同じ程度の数あるべきと仮定することが生物学的な意味をなすときには，この仮定はすべての M 値についての平均が0であるとする数学的な仮定と同等なものである．MA グラフにおいて，これは点の集合が $M=0$ の軸のところに集まることを意味する．実際のマイクロアレイデータではこんなことはめったにない．たとえば，一方の条件に関しての発現量の値が（ハイブリダイゼーションされる試料量の差，種々のレーザー設定，色素に関する問題などの原因により）系統的に吊り上げられれば，それは平均が0でない M 値をもたらすだろう．大域的正規化は，アレイ全体のすべての M 値について平均値を計算して，各 M 値からこの平均値を差し引き，差し引いた値の平均が0となるようにする手法である．MA グラフ上では，この過程は，点の**集合の形状を変えず**に上下に動かし，これを $M=0$ の軸のところに集めることに対応している．

LOESS正規化　LOESS（あるいは，LOWESS）は，局所的に荷重を加えることによる散布図平滑化を表す．マイクロアレイ実験では MA グラフが，$M=0$ の軸の周りに集まった**ランダムな点の集合でなく**，ある種の形状を示すことがある．たとえば，図42（a）では点の集合がU字形である．こうした現象は，2色のアレイ上で色素による偏りが蛍光強度に依っている場合に生じる典型である．このような依存性は生物学的に意味をなさないので，点の集合を（M 値を調整することを通して）平滑化することにより取り除き，結果として得られる点の集合が $M=0$ の軸の周りに集められるようにする［図42（b）を参照］．

色素交換の正規化　マイクロアレイ実験でしばしば使われる2つの色素（Cy3とCy5）は，ある配列に対して異なった結合親和力を持つことがある．このことが結果の解釈を難しくする．というのは，弱い蛍光強度が，サンプル中のRNA量の低さによって引き起こされたのか，あるいは一方の色素の結合親和力が不十分であることによって引き起こされたのかが不明であるためである．こうした問題を補正するために，色素交換形式の実験がしばしば実施される（例8.5を参照）．発現量が比べられる2つのサンプルを，それぞれ半分に分割する．一方のサンプルに対しては，処理サンプルとして半分が赤色

色素で標識され，残る半分が対照サンプルとして緑色色素で標識される。そしてもう一方のサンプルに対しては，色素の標識を逆にした（すなわち，交換した）ものが半分ずつ作製される。それから，緑色処理サンプルと赤色対照サンプルとが1番目のアレイでハイブリダイゼーションされ，赤色処理サンプルと緑色対照サンプルとが2番目のアレイでハイブリダイゼーションされる。M値を両方の（処理と対照の順番を同じに保ったままの）ハイブリダイゼーションに対して計算する。各遺伝子に対するM値は，色素による偏りを取り除くために，2つのアレイにわたって平均された値が用いられる。

プリントピンの正規化 スポットcDNAアレイの製造過程では，遺伝物質が多穴プレートに集められ，ロボット制御された先のとがった針でアレイ表面へプリントされる（すなわち，スポットされる）。多数の針，すなわち，プリントピンを格子状に並べたものが，遺伝物質を一度に拾い上げてそれらをスライドグラスの上にプリントする。このとき，プリント中にピンが少し変形してしまう可能性があり，損傷したピンによってプリントされたスポットの形状には系統的な違いが生じる。アレイ製造中における不均一なスポットにより，損傷していないピンでプリントされた遺伝子の発現量に比べ，損傷したピンによってプリントされた遺伝子の発現量が変化してしまう（すなわち，その全部が少し高くなるか，低くなる）。プリントピン間の相違を割り出し，生物学的に系統的でない相違を補正するためには，各々のピンに対してM値をプロットしたグラフを作成する（図43を参照）。ある曲線が他のものとは違って見えるときには，この効果は，何か本質的な生物学的差異というよりも，むしろ損傷したプリントピンによるものであると推論できる。この場合の正規化は，プリントピンの平均の分布を見出し，すべてが同じような曲線パターンを持つようM値を調整するために使用される。

正規化した後，遺伝子は対数発現比の大きさ（M値の絶対値）でもって順位づけられ，大きな対数発現比を持った遺伝子が特異的に発現しているとしばしば結論づけられる。しかし，遺伝子を正規化して順位づけるこの過程は，適用する正規化の方法の選択，そして正規化された対数発現比に対して選ぶ閾値という両方の観点においていくらか主観的である。たとえば（次節で記述される）分散分析（ANOVA）モデルのような統計分析法が，正規化や順序づけの過程に取って代わることができる。反復が行われ，遺伝子ごとの情報が利用できるならば，統計法はより十分な正確度でもって，たとえば発現量の差異などを統計学的に仮説検定するのに役立つ。

8・4・3 統計分析

マイクロアレイ実験で生じる多数の観測値についてその意味を理解すると共に，"効果"が実験での処理によるものか確かめるためには，（第7章で取り上げた）分散分析モデルを使用する。このモデルにおいては，マイクロアレイ実験におけるすべての系統

8 そのほかのテーマ

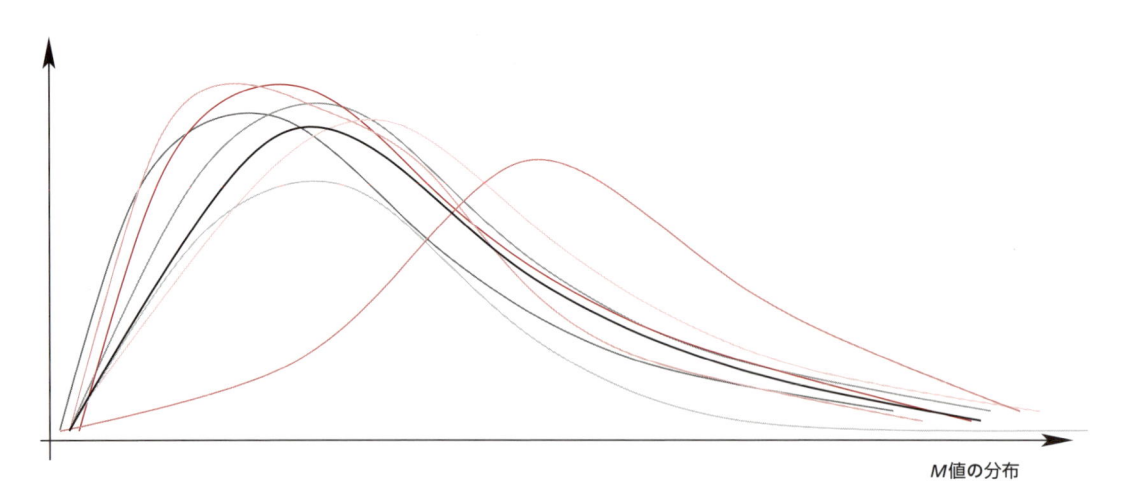

M値の分布

図43 プリントピンの分布を表すグラフ．アレイにスポットするのに使用されるピンごとに，M値の分布が異なる曲線としてプロットされている．この例の場合，赤色の曲線で表されたピンが，他のピンと系統的に違っていることを示している．正規化のために，これらの曲線を平均（太い黒色の曲線）する．

的な変化として，たとえば（複数の異なる処理や対照といった）処理グループ，異なる色素，アレイ上の異なる遺伝子，使用される物理的なアレイなどが列挙される．条件を列挙した後に，あらゆる観測値にラベルを与える．マイクロアレイ実験での観測値は，単色チップでは発現量の絶対量であったり，2色チップでは発現量の比についてのM値であったりする．実験条件による技術的効果と，いろいろなサンプルについての生物学的効果とが見積もられ，比較される．たとえば，ある遺伝子が2つの実験条件間で違った発現量を持つとするなどの統計仮説が，分散分析モデルを使って検定されることになる（Newton et al. 2001）．

例 8.5

あらゆる実験において，実験者によって変更されるかもしれない実験条件の経過を追うこと，および結果としてのデータを注意深く整理することは重要である．こうした原則がマイクロアレイ実験では特に重要になる．というのは，非常に多くの（おそらく，多くの処理の組合せの下での）観測値が記録されるからである．たとえば，非常に簡単な色素交換形式の実験として，2つの遺伝子を観測する場合を考えてみよう．遺伝子は2つのアレイ上に同じようにして3つスポットされる．この場合経過を追い，数え上げる必要がある実験条件には，

- アレイ （アレイ1に対しては）1，あるいは（アレイ2に対しては）2の値をとる．
- 処理 （処理に対しては）1，あるいは（対照に対しては）2の値をとる．
- 色素 （赤色に対しては）1，あるいは（緑色に対しては）2の値をとる．
- 反復数 それぞれ1，2，3の値をとる．

といったものがある．各観測値は，上の条件の組合せによって同定，あるいは指し示さ

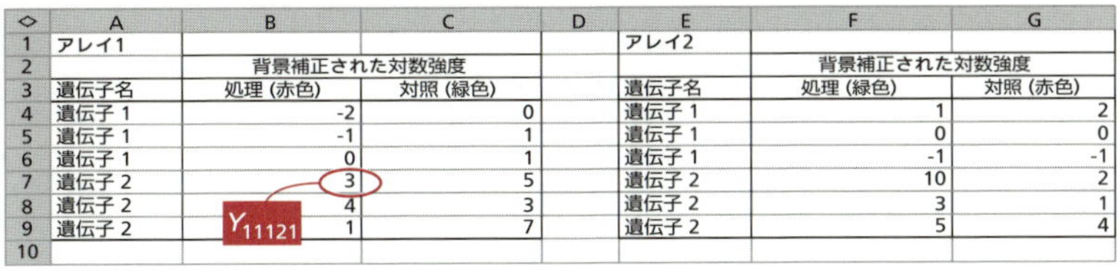

◇	A	B	C	D	E	F	G
1	アレイ1				アレイ2		
2		背景補正された対数強度				背景補正された対数強度	
3	遺伝子名	処理（赤色）	対照（緑色）		遺伝子名	処理（緑色）	対照（赤色）
4	遺伝子 1	-2	0		遺伝子 1	1	2
5	遺伝子 1	-1	1		遺伝子 1	0	0
6	遺伝子 1	0	1		遺伝子 1	-1	-1
7	遺伝子 2	3	5		遺伝子 2	10	2
8	遺伝子 2	4	3		遺伝子 2	3	1
9	遺伝子 2	1	7		遺伝子 2	5	4
10							

図44　マイクロアレイ実験でのあらゆる観測値は，その観測値が得られたときの処理の組合せでラベル付けされる。たとえば，補正された対数強度3の値（赤色の円で囲まれた値）は，アレイ1から，処理1の下で，色素1で標識された，遺伝子2についての，1回目の反復で得られた観測値である。他の観測値も同様にしてラベル付けされている。

れる。ほとんどのマイクロアレイ実験では，観測値それ自体は，各アレイ上の，各々のスポットの蛍光強度に対して背景補正されたメディアン強度である。表にまとめる過程が図44に図示されている。実際には，この過程はもちろん手作業ではなく，統計ソフトウェア・プログラムによって実行される。エクセルは，たとえばマイクロアレイデータの分析に使用されるような，高次の分散分析モデルを処理するプログラムは装備していない。

8●4●4　分散分析（ANOVA）モデル

マイクロアレイデータの分析のために使われる統計モデルは，異なった実験条件によって引き起こされる“効果”を可能な限り多く説明することを追究している。列挙される観測値Y_{ijkgr}は，それぞれの効果を足し合わせたものにランダム誤差の項を加えた式として書き表すことができ，

$$Y_{ijkgr} = \mu + A_i + T_j + D_k + G_g + AG_{ig} + TG_{jg} + DG_{kg} + \varepsilon_{ijkgr}$$

となる。ここで，μは実験で観測される発現量の全体の平均である。Aはアレイ効果を表し，Tは処理効果，Dは色素効果，そしてGは遺伝子効果を表す。たとえば，平均した処理が観測される遺伝子に何ら効果を持たないとしたら，処理効果の項は共に0となる（$T_1 = T_2 = 0$）。なお，AG，TG，DGの項は相互作用効果である。この相互作用効果は，特定の処理がいくつかの遺伝子には効果を持つが，それ以外の遺伝子には効果を持たないというような可能性を表している。ところで，いくつかの潜在的な相互作用の項（たとえば，アレイ－色素の相互作用ADのような項）がモデルから外されていることに注意しよう。これは，実験でどのアレイが使用されていても，色素はそれらにおいて**同様に**作用すると仮定されているためである。最後にεの項は，実験条件に関する系統的な変化によっては説明できない誤差項である。誤差項は，測定誤差を通しての技術的変動や，個体間での生物学的変動をも表す。分散分析モデルは，その誤差項εが独立で，正規分布に従っていると仮定する。

マイクロアレイ実験における統計分析の次のステップは，すべての系統的な処理効果と相互作用効果とを評価することである。これは単に観測値を平均することによってなされる。統計学者は，平均値をとることを“ドット点”表記を使って表す。たとえば，

8 そのほかのテーマ

遺伝子 i の形質発現レベルの反復 (r) について平均することは,

$$Y_{ijkg\bullet} = \frac{1}{反復の回数}\sum_{すべての r} Y_{ijkgr}$$

で表される。モデルのパラメータは全て，適切な観測値の集合を平均することによって計算される（表5を参照）。

表5 分散分析モデルにおけるモデルパラメータは，観測値を平均することによって得られる。

パラメータ	推定値
μ	$\bar{Y}_{\bullet\bullet\bullet\bullet}$
A_i	$\bar{Y}_{i\bullet\bullet\bullet} - \bar{Y}_{\bullet\bullet\bullet\bullet}$
T_j	$\bar{Y}_{\bullet j\bullet\bullet} - \bar{Y}_{\bullet\bullet\bullet\bullet}$
D_k	$\bar{Y}_{\bullet\bullet k\bullet} - \bar{Y}_{\bullet\bullet\bullet\bullet}$
G_g	$\bar{Y}_{\bullet\bullet\bullet g} - \bar{Y}_{\bullet\bullet\bullet\bullet}$
AG_{ig}	$\bar{Y}_{i\bullet\bullet g} - \bar{Y}_{i\bullet\bullet\bullet} - \bar{Y}_{\bullet\bullet\bullet g} + \bar{Y}_{\bullet\bullet\bullet\bullet}$
TG_{jg}	$\bar{Y}_{\bullet j\bullet g} - \bar{Y}_{\bullet j\bullet\bullet} - \bar{Y}_{\bullet\bullet\bullet g} + \bar{Y}_{\bullet\bullet\bullet\bullet}$
DG_{kg}	$\bar{Y}_{\bullet\bullet kg} - \bar{Y}_{\bullet\bullet k\bullet} - \bar{Y}_{\bullet\bullet\bullet g} + \bar{Y}_{\bullet\bullet\bullet\bullet}$

例8.6

例8.5において述べた簡単な色素交換形式の実験では2つの処理があり，それに伴って推定し得る2つの処理項として処理 T_1 と対照 T_2 とがあった。全体の平均 μ は24個すべての観測値の平均値として算出される（すなわち，μ の推定値は $\bar{Y}_{\bullet\bullet\bullet\bullet} = 2$ である）。処理効果は，処理の観測値の平均値（1.9167）と対照の平均値（2.0833）を別々に求め，そしてこれら両方の平均値から全体の平均値をそれぞれ差し引くことによって計算され，

$$T_1 = 1.9167 - 2 = -0.0833, \; T_2 = 2.0833 - 2 = 0.0833$$

と求められる。これらの処理効果がランダムな誤差で説明できるか，あるいは生物学的効果とすべきかどうかを判断するために，統計的仮説検定を使用する。

発現差異に対する仮説検定では，帰無仮説

$$H_0 : T_1 + TG_{1g} = T_2 + TG_{2g}$$

と，それに相対する対立仮説

$$H_a : T_1 + TG_{1g} \neq T_2 + TG_{2g}$$

を使うことができるだろう。注意すべきは，実際のマイクロアレイデータの場合，かなりの数の仮説検定——アレイ上のあらゆる遺伝子 g に対しての仮説検定——を実行する

必要があることである。

8・4・5 分散仮定

　マイクロアレイデータの分析で使用されるほとんどの統計的検定，とくに2標本t検定（6.2.1節を参照）および分散分析F検定（6.2.3節を参照）は，処理と対照の間における観測値の差を，変動測度と比べることに基づいている．遺伝子の発現量の観測値からこの変動測度を見積もるのに，いろいろな方法が使用されている．各遺伝子がアレイ上に複数回スポットされるときには，各アレイに対して統計的な"遺伝子ごとの"分散を計算することが可能である．しかし，たいていは遺伝子をアレイ上にスポットする回数は少ない（通常は5回より少ない）．そのため，この変動測度は統計的な正確さを欠くことになる．

　ここで，他の遺伝子から変動情報を"借りる"ことが可能である．このことが生物学的に意味をなすか否かは，その場その場の状況に基づいて判断しなければならない．非常に大まかなアプローチ（おそらくは，生物学的な**意味をなさない**アプローチであるが）は，アレイ上のすべての遺伝子の観測値に基づいて，遺伝子の発現量の分散を推定することである．この唯一の分散推定値が"共通分散"として参照され，発現量の差異に関して，あらゆる遺伝子を個々に検定するのに使用されることがある．実際にどのような処理を行うかに関係なく，もともと発現量が多い遺伝子があり，あるいはほとんど発現しない遺伝子もあるので，共通分散の仮定を使うアプローチは生物学的に疑わしい．発現量が非常に低い遺伝子は，そのことにより非常に小さな変動を持ちそうである．一方，発現量の高い遺伝子は，同じアレイ上の同一の遺伝子について，生物学的反復や技術的反復にわたって大きく変動する可能性がある．あらゆる遺伝子に対し同じ変動測度を使うことは，いくつかの遺伝子に対しては発現量の差異に対する検定統計値を吊り上げたりする（それに伴ってp値も），その他の遺伝子に対しては検定統計値を引き下げたりする．妥協案としては，発現量が類似している遺伝子においてのみ，それらの変動情報を組合わせることである．

8・4・6 多重検定法の論点

　すべてのマイクロアレイ実験や，分子生物学におけるその他のほとんどの実験では，同一の実験から多数の問題が提起され，そして答えられることになるだろう．たとえば，同じマイクロアレイ実験から，数万の遺伝子について「この遺伝子は処理と対照の間で発現量に差異はあるか？」のような同じ問いかけが尋ねられるかもしれない．統計的検定とは絶対的に正しいものではない．事実，統計的検定で使う有意水準α（通常，$\alpha = 0.05$を使用）は，効果が実際には存在しないと宣言したい実験者の基準となる意

志を表す（6.1.2節を参照）。実行するすべての検定それぞれに対して，引き出される結論が間違っている可能性もある。数千の検定が繰り返し実行されるときには，たぶん多くの間違った結論が含まれるだろう。問題となるのは，多くの結論のうちで**いずれが誤ったものであるか**が分からないことである。

例8.7

1000個の遺伝子についての発現値が，1つの処理条件と1つの対照条件に対して観測されるマイクロアレイ実験を考えるとしよう。各遺伝子の発現量の差異を検定するのに，1000回の2標本t検定を実行できるような十分な反復があるとする。たとえ多くの遺伝子で発現量に差異があると結論づけるのが正しいようであっても，たとえば各検定に対し$\alpha = 0.05$の有意水準を使った場合，50個の遺伝子（1000個のうちの5％の遺伝子）で誤った結論づけがなされることが期待される。問題となるのは，発現量の差異についてどの遺伝子で正しく結論づけされているか，そしてどの遺伝子が"偽陽性"（すなわち，発現量の差異がない遺伝子を発現量に差異があると検定が結論づけること）であるかが分からないことである。

この問題をどのように処理するべきだろうか？ もちろん，すべての検定の有意水準を思いきって下げることができる。たとえば，例8.7の実験者が雲をつかむような無駄な追求を行うとすると，$\alpha = 0.001$の有意水準（1000個のうちの0.1％は1個）で実験に取り組むこともできる。しかしながらこのことは，非常に僅かな遺伝子にしか発現量に差異がないという結論を導くだろう。実際には，それは"偽の"遺伝子を除外することはもちろんのことだが，いくつかの真に発現量に差異がある遺伝子をも除外することになるから，発現量に差異がある遺伝子の一覧表をずっと短いものにするだろう。

これらの問題に関して別のアプローチがHochberg and Benjamini（1995）によって提案された。発現量に差異があると結論づけられている遺伝子の一覧表において，偽陽性の絶対数ではなく，偽陽性の割合（％）は考察することができる。誤って棄却される帰無仮説の期待される割合として定義される，**誤った探査比率**（False Discovery Rate：FDR）での考察は，実行するのが簡単で，多くの統計ソフトウェア・パッケージで利用可能である。

8.5 最大尤度

注　尤度(likelihood)：もっともらしさ

統計的データ分析から引き出される結論の正確さは，データに適合するモデルの質に大いに依存する。そのモデルの一般形（たとえば，線形回帰，系統樹など）は，実験者の事前知識と，問題の性質によって規定されるところが大きい。しかしながら，モデルパラメータの適当な選択によりモデルを微調整することは，実験結果（すなわち，データ）に基づいて行うことができる。

例 8.8

ショウジョウバエの寿命を，胸部サイズの線形関数としてモデル化することが適当か否かは，実験者の経験と，仮説として取り上げられたモデルへデータを適合する過程に基づいて決定されなければならない。

$$（寿命）= \beta_0 + \beta_1 \times （胸部サイズ）$$

しかしながら，切片 β_0 と傾き β_1 に対する適当な値を見いだす手段はデータによってすべてが決定される。

統計モデルのパラメータを観測値によって推定する最も普及した手法の1つは，**最大尤度法**と呼ばれている。

一般的な考え方　あらゆる統計モデルは，予測変数の一定に固定したレベル値において行われる実験に関し，それがとり得る観測結果について確率分布を割り当てる。予測変数のレベル値が変われば，応答変数の分布もまた同じように変化するだろう。応答変数の分布を知ることは，任意の観測結果の集合（データ）を観測する理論的確率を計算できるようにしてくれる。その理論的確率は，実際に観測された結果はもちろんのこと，統計モデルのパラメータにも依存することになる。モデルパラメータ θ と，とり得る観測値 $x_1, x_2, \cdots, x_n$ との関数として書かれたこの確率はデータの尤度関数と呼ばれ，

$L(\theta ; x_1, x_2, \cdots, x_n)$
　= パラメータ θ を持ったモデルの中で $(x_1, x_2, \cdots, x_n)$ を観測する確率

のように書き表される。モデルパラメータの最尤推定値は，尤度関数 $L(\theta ; x_1, x_2, \cdots, x_n)$ を θ に関して最大にすることによって求められる。ここで，$x_1, x_2, \cdots, x_n$ は実際に観測されたデータ値である。

例 8.9

標本比率 $\hat{p}$ は，母集団比率 p の最尤推定値である。抗生物質に耐性がある土壌微生物の比率 p に興味があるとしよう。土壌中の微生物全部を調べる代わりに，n 個の土壌微生物標本を採取し，抗生物質を加え，そして耐性のある微生物の数 x を数え上げる。その標本比率は

$$\hat{p} = \frac{x}{n}$$

のように定義される。耐性のある微生物についての真の母集団比率が p であって，標本サイズ n の土壌微生物標本の全体が土壌中の微生物全部の母集団を表現するならば，土壌微生物標本中で耐性のある微生物の個数は二項分布に従う（3.4.1節を参照）。これは，標本サイズ n の土壌微生物標本の中に x 個の耐性のある微生物を観測する確率が

$$L(p\,;x) = \binom{n}{x} p^x (1-p)^{n-x}$$

のように定式化できることを意味する。この尤度関数 $L(p\,;x)$ は，モデルパラメータ p の関数であると共に，観測値 x の関数でもある。なお，n は標本サイズで，既知の値である。p の最尤推定値を求めるために，尤度関数 $L(p\,;x)$ を p（ここでは，これは未知の量である）について最大にする。その結果が

$$\operatorname{argmax}_p L(p\,;x) = \frac{x}{n}$$

と得られる。ここで，argmax は最大となる引数を参照している。すなわち，p の最尤推定値は，尤度関数 L が最大値を獲得する変数 p の値である。

8・6
頻度確率派とベイズ確率派の統計学について

　実験科学者のための本書の終わりに，統計学においてよく知られる二分論法（dichotomy：物事を対立的な概念に二分する論法）について述べておく。多くの人が，統計学という分野は，頻度統計学者とベイズ統計学者の陣営に分けられると考えている。あるいは3つの陣営，すなわち頻度統計学者，ベイズ統計学者，そして「うまくいくならそれを使う」グループ，があると思っている者もいる。本書は頻度統計の見地，すなわち，古典統計の見地から書かれている。それに対するものとして，ここでベイズ統計の概念を紹介する。古典統計とベイズ統計を分ける基本的な違いは，確率の定義にある。しかし，たとえある人の確率についての見方と理解が古典統計（すなわち，頻度統計），ベイズ統計，そのいずれであったとしても，統計学上の包括的な目標は同じであって，「未知のパラメータに基づき，データについての問題を問うこと」であることに違いはない。

　ベイズ統計の見地から統計学にアプローチする統計学者は，確率についてある違った見方を持っており，師 Thomas Bayes（1763）の見識に従う。ベイズ統計は，長期にわたっての振舞いや確率について考えるというよりも，不確かさについて考えることに起源を置いている。統計的論述は，確かさのレベル，すなわち論述に伴う確信のレベルに関してなされる。すると，そのことが，未知のパラメータについて確率的な論述を行うことを可能にする。具体的にはベイズの法則は，データが与えられたときの，パラメータについての条件付きの論述，すなわち事後確率であって，それはパラメータに関する事前情報に依存する。この事前情報は推測や直感で構わない。それが理論的に正当化されているものでも，あるいは経験に基づいたものでもよい。事前情報［これは"先験的に（a priori）"として知られている］が，未知のパラメータを与えられたときのデータ

8・6 頻度確率派とベイズ確率派の統計学について

の尤度と結びつけられて，結果について定まる確かさのレベル（これが"事後確率"として知られている）が分かるようになる。

例8.10
　量的形質遺伝子座（QTL）は，注目している量的形質に関係したゲノムの領域である。遺伝子や，その中に存在する調節配列を推測する目的のために，QTLの位置を突き止めたい。QTLの位置は，既知の遺伝子マーカーの間の遺伝的距離を利用し，そしてゲノム中の既知の位置で統計的検定を行うことによって突き止められる。頻度統計アプローチでの帰無仮説は，QTLがゲノム中の特定の場所に位置しないとすることである。データが収集され，ある既知の分布に従う検定統計量が計算される。そして，データによって提示されているものよりも極端な結果が確率的に観測されるとする統計的主張がなされる（すなわち，p値である）。それに対して，QTL分析へのベイズ統計アプローチは，QTLの位置についての事前情報と，QTLが与えられた場合でのデータに関する尤度とに基づいて，QTLがゲノム中の調べている位置にあるという事後確率を計算する。QTLが調べている位置に存在することに対する確かさのレベルが，その結果として提示される。

参考文献

Bayes T. 1763. An essay towards solving a problem in the doctrine of chances. *Philos Trans Roy Soc* 53: 370-418.

Craig B, Black M, Doerge RW. 2003. Gene expression data: The technology and statistical analysis. *J Agri, Biol, and Environ Stat* 8: 1-28.

DeLongis A, Folkman S, Lazarus RS. 1988. The impact of daily stress on health and mood: Psychological and social resources as mediators. *J Pers Soc Psych* 54: 486-495.

Guy W. 1846. On the duration of life among the English gentry. *J Stat Soc London* 9: 37-49.

Hochberg Y, Benjamini Y. 1995. Controlling the false discovery rate: A practical and powerful approach to multiple testing. *J Roy Stat Soc Series B* 57: 289-300.

Höfer T, Przyrembel H, Verleger S. 2004. New evidence for the theory of the Stork. *Paed Perin Epidem* 18: 88-92.

Kerr M, Churchill G. 2001. Experimental design for gene expression microarrays. *Biostat* 2: 183-201.

Mendel G. 1865. Experiments in plant hybridization. In *Proc Nat Hist Soc Brünn*.

Nei M, Roychoudhury AK. 1993. Evolutionary relationships of human populations on a global scale. *Mol Biol Evol* 10: 927-943.

Newton M, Kendziorski C, Richmond C, Blattner F, Tsui K. 2001. On differential variability of expression ratios: Improving statistical inference about gene expression changes from microarray data. *J Comput Biol* 8: 37-52.

Sies H. 1988. A new parameter for sex education. *Nature* 332: 495.

Stewart KJ, Turner KL, Bacher AC, DeRegis JR, Sung J, Tayback M, Ouyang P. 2003. Are fitness, activity and fatness associated with health-related quality of life and mood in older persons? *J Cardiopul Rehab* 23: 115-121.

Tukey JW. 1980. We need both exploratory and confirmatory. *Amer Stat* 34: 23-25.

USDA National Nutrient Database for Standard Reference, release 18. 2005. Iron Content of Selected Foods per Common Measure. U.S. Department of Agriculture, Agricultural Research Service.

Vaillant GE. 1998. Natural history of male psychological health, xiv: Relationship of mood disorder vulnerability to physical health. *Am J Psych* 155: 184-191.

von Bunge G. 1902. *Textbook of physiological and pathological chemistry*, 2nd ed. Kegan Paul Trench/Trubner, London.

Yang Y, Dudoit S, Luu P, Lin D, Peng V, Ngai J, Speed T. 2002. Normalization for cDNA microarray data: A robust composite method addressing single and multiple slide systematic variation. *Nucl Acids Res* 30: e15.

索 引

A
A 値　137
ANOVA　51, 99, 114
BLAST　1, 97
E 値　97
F 検定　81, 115
k 平均クラスター法　132
LOD スコア　88
LOESS 正規化　138
M 値　137
MA グラフ　137
p 値　69
PCA　134
RANKIT プロット　29
t 検定　73
　1 標本 t 検定　73
　2 標本 t 検定　74
　ペア t 検定　75
z 検定　77
　1 標本 z 検定　78
　2 標本 z 検定　79
χ^2 検定　83
　― 適合度検定　84
　― 独立性の検定　85

あ
一元配置分散分析　114
因果関係　39, 40
ウィルコクソン - マン - ホイットニー検定　90
円グラフ　19, 23
応答変数　44, 51, 99
オリゴヌクレオチド - アレイ　136

か
回帰　99, 100, 102
回帰モデル　51, 99, 122
階層クラスター法　128, 130
確率プロット（PP プロット）　29
確率分布　12, 24
確率変数　12, 24
仮説検定　67, 103
仮説検定の 5 つのステップ　69
傾き　46, 101
偏り　48
仮定条件　7, 109
カテゴリー応答変数　51
カテゴリーデータ　13
カテゴリー変数　11
カテゴリー予測変数　51
下方四分位数　14
完全連結　130
観測値　12
関連　38
技術的反復　50
技術的変動　50
期待値　14
帰無仮説　67
共同応答　40
距離測度　128
区別クラスター法　129
クラスター法　127
グラフ　19
決定論的　43
検出力　71
検定統計量　6, 68
効果の大きさ　51
交絡　40
誤差項　45

誤差バー　36

さ
最小二乗回帰　100
最大尤度　144
最大尤度法　145
残差　7, 100, 109
残差グラフ　101, 109
散布図　21
サンプリング　47, 48, 49
シェフェ検定　83
色素交換の正規化　138
質的変数　11
四分位範囲（IQR）　15, 18
重回帰　106
集塊クラスター法　129
重決定 R^2　102
修正箱ひげ図　22, 23
重相関 R　102
従属変数　6, 7, 44
樹形図　129, 130, 132
主成分分析（PCA）　134
順序変数　11
小標本の標本平均に対する信頼区間　62
上方四分位数　14
信頼区間　55
　― の解釈　57
　― の計算　61
信頼水準　57, 59
推計統計学　5
推定量　33
数理モデル　43
スポットアレイ　136
正確度　49

索引

正規化　137
正規確率グラフ　101, 109
正規曲線　27, 28
正規分布　26
精度　49, 60
生物学的反復　50
生物学的変動　49
切片　46, 101
説明変数　43, 99
線形回帰　100
線形重回帰　106
潜伏変数　40
相関　38, 39, 102
相関係数　38, 102
相互作用効果　117, 118, 121
相対度数　19
層別化標本　47

た

大域的正規化　138
対称性　20
大標本の標本平均に対する信頼区間　61
タイプⅠの過誤　70
タイプⅡの過誤　70
対立仮説　67
多重検定法　143
多変数モデル　99
ダミー変数　112, 122
単一連結　130
探索的統計学　5
単変数モデル　99
中心極限定理　32, 56
　—標本比率　33
　—標本平均　34
適合　45
データ　13
データ変換　31
テューキー検定　83
点プロット　21
統計的推論　55
統計判別法　126
統計モデル　43, 45
統計類別法　126

等分散の仮定　74, 75, 95
独立変数　6, 43
度数　13
トレーニング用データ　126

な

並べ替え検定　95
二元配置分散分析　114, 117
二項係数　25
二項分布　24
ノイズ　49
ノンパラメトリック検定　89

は

箱ひげ図　22, 23
外れ値　15, 16, 109
パーセンタイル　14
発現比　12, 137, 139
ハット　33
パラメータ推定　102
範囲　15, 18
反復　50, 53
判別関数　126
ピアソンの積率相関係数　38
ヒストグラム　20, 23
尾部確率　28
標準誤差　36, 37
標準正規分布　27
標準偏差　15, 18, 36, 37
標本　32, 45, 47
　—サイズ　14, 51, 65
　—統計量　55
　—比率　32, 33
　—平均　33, 34, 56
頻度統計　146
フィッシャーの正確計算検定　84, 92
ブートストラップ法　54
プリントピンの正規化　139
プレースホルダー　12, 24
プローブ　121, 136
分位数プロット（QQ プロット）　29, 30
分割クラスター法　129, 132
分割表　13, 51, 83
分散　15, 18

分散分析 F 検定　115
分散分析の仮定　120
分散分析モデル　51, 99, 114, 122, 141
平均（平均値）　14, 18
平均値グラフ　117
平均二乗誤差（MSE）　103, 107, 118
平均連結　130
ベイズ統計　146
変数　11
変動　6
棒グラフ　18, 23
母集団　32, 45
　—比率　33, 64
　—比率に対する信頼区間　64
　—平均　36, 56
　—平均に対する信頼区間　56
補正 R^2　102, 108

ま

マイクロアレイ実験　1, 6, 13, 48, 50, 68, 114, 121, 135-144
マイクロアレイデータ　121, 125, 135-144
マッチドサンプリング　47
マハラノビスの距離　128
メディアン　14, 18
目的変数　44
モデルパラメータ　46, 102
モンテカルロ法　95

や

有意 F　107
有意水準　51, 52, 70, 71
有意性　71
尤度　87
尤度比検定　87
ユークリッド距離　128
予測変数（予測子）　43, 99

ら

ランダム標本　47
リサンプリング　53
離散変数　11
量的応答変数　51, 99

索 引

量的データ　14
量的変数　11
量的予測変数　51, 99
臨界値　59
累積確率　25
類別化ルール　126
類別誤差　127
類別法　125
連続変数　11
ロジスティック回帰　51, 105

「エクセルを使うと」索引

平均　14
メディアン　14
パーセンタイル　14
分散・標準偏差　15
範囲　15
四分位範囲　16
棒グラフ・円グラフ　20
ヒストグラム　21
散布図　22
二項分布確率　25
正規分布確率　28
QQ プロット　30
相関係数　39
臨界値　60
1 標本 t 検定　74
独立 2 標本 t 検定　75
ペア t 検定　76
z 検定　78
F 検定　82
χ^2 適合度検定　84
χ^2 独立性検定　86
ウィルコクソン-マン-ホイットニー検定　90
回帰分析　101, 102, 103
重回帰分析　106
一元配置分散分析　115
二元配置分散分析　118

■訳者紹介
打波 守
1948年生まれ。明治薬科大学数理科学研究室教授。1970年福井大学工学部応用物理学科卒業。1976年東京教育大学大学院理学研究科物理学専攻博士課程修了。理学博士。1982年明治薬科大学助教授を経て1991年より現職。近著・訳書に『パソコンで簡単！ すぐできる生物統計』（野地澄晴と共訳，羊土社），『Excelで学ぶ生存時間解析』（オーム社），『応用から学ぶ理工学のための基礎数学』（共著，培風館），『生存時間解析』（訳，シュプリンガー・ジャパン）など多数。

野地 澄晴
1948年生まれ。徳島大学大学院ソシオテクノサイエンス研究部ライフシステム部門教授。1970年福井大学工学部応用物理学科卒業。1980年広島大学大学院理学研究科物性学専攻修了。理学博士。米国 National Institutes of Health 客員研究員，岡山大学歯学部口腔生化学講座助手，岡山大学医学部生化学講座講師などを経て，1992年徳島大学工学部教授。研究分野：発生進化工学，再生生物学。近著・訳書に『パソコンで簡単！ すぐできる生物統計』（打波 守と共訳，羊土社），『バイオ研究はじめの一歩—ゼロから学ぶ基礎知識と実践的スキル—』（羊土社），『ポストゲノム時代の免疫染色— in situ ハイブリダイゼーション』（共著，羊土社），『進化学—発生と進化—』（共著，岩波書店）など多数。

アット・ザ・ベンチ
バイオ実験室の統計学
エクセルで学ぶ生物統計の基本　　定価（本体2,800円＋税）

2011年3月30日発行　第1版第1刷 ©

著　者　M. ブレマー
　　　　R.W. ダーギー

訳　者　打波　守（うちなみ まもる）
　　　　野地　澄晴（のじ すみはれ）

発行者　株式会社 メディカル・サイエンス・インターナショナル
　　　　代表取締役　若松　博
　　　　東京都文京区本郷 1-28-36
　　　　郵便番号 113-0033　電話(03)5804-6050
　　　　　　　　　　印刷／株式会社 日本制作センター

ISBN 978-4-89592-671-3　C3047

JCOPY 〈(社)出版者著作権管理機構 委託出版物〉
本書の無断複写は著作権法上での例外を除き禁じられています。複写される場合は，そのつど事前に，(社)出版者著作権管理機構（電話 03-3513-6969，FAX 03-3513-6979，info@jcopy.or.jp）の許諾を得てください。